JN023038

風景をつくるごはん

都市と農村の真に幸せな関係とは

真田純子 著
Sanada Junko

農文協

風景をつくるごはん

目次

序章

「風景をつくるごはん」をめぐる旅にようこそ　014

第一部　農村風景が生み出す価値

第1章

「美しい農村風景」ってなんだろう　038

第2章

EUの農業政策の転換と風景の保全・再生

第3章

食と農と観光を結びつける仕組み

第4章

土地と結びついた食が地域をつくる …… 102

第二部 日本の風景を振り返る

第5章

工業化社会の進展が過疎地域を生み出した …… 126

第6章

農業の近代化は何に対する「進化」だったのだろうか……150

第10章

社会のシステムを変えるための小さな行動

風景をつくるごはん

都市と農村の
真に幸せな関係とは

序章

「風景をつくるごはん」をめぐる旅にようこそ

農村風景との出会い

「あれ、農村風景の美しさってどう理解したらいいの…」

私は現在、農村風景と石積みの研究をしている。これらのテーマに出会ったのは東京で過ごした学生時代ではなく、2007年に徳島大学に職を得て、徳島に住むことになってからである。

学生時代には「景観工学」の研究室に所属し、風景の成り立ちや保全について研究をしていた。しかしその対象は主に都市の風景で、農村を対象としたものではなかった。

農村風景の研究を始めたのは、徳島に住みはじめて半年ほどたったころ、とある町で農村を眺めたときに生じた先の疑問がきっかけである。

ある日、徳島県内の中山間地域の町で幹線道路から少し外れた高台に案内してもらった。「ここが町を

写真序−1｜農村風景について考えるきっかけとなった風景

一望できる場所ですよ」と言われて見たその風景はたしかに「農村風景」ではあった。しかし、ところどころに施設栽培用の真っ白で四角い建物が点在しており、いわゆる「農村風景」と聞いて思い浮かべるのどかな風景とは違っていた〔写真序−1〕。

このときの感想は、大変失礼ではあるが正直に言うと、「あまり美しくないな」だった。しかしそのあとすぐに「美しさのためにこの風景は存在しているわけではない」と考え直した。農村の風景はその場所の生業の姿、人びとが生きている姿であって、外から来た人間がどうこう言うのも違うと思ったのだ。

ただ同時に、景観研究者としては、この風景が「生活や生業のありよう」を反映したものだからといって、それを理由に肯定したり、良い風景であるといった価値判断をしたりしてよいのかという疑問も浮かんできた。なぜなら、私自身が「美しくない」という感想をもったのも、これまた事実なのだから。ではどうすればよいのか？　当然ながらすぐに答えがでるはずもなく、「農村風景」の美しさに対するモヤモヤした思いが残った。

私は、農村（広島県福山市だが、私が生まれる少し前に吸収合併された端の地域）で生まれ育ち、高校時代まで農村で過ごした。農村の風景は私にとって見慣れた風景であり、原風景でもある。しかし、景観工学という視点を身に着け、あらためて眺めた「農村風景」は、故郷の風景を眺めるのとは異なっていた。専門家として見た風景は、やはり「何とか良くする対象」だったからだ。かといって、景観工学の知識で問題点や解決策もすぐにはわからず、私に大きな宿題を出すことになった。

景観工学は、人が景観をどう理解するかという内面の問題のほか、都市景観や土木構造物のデザインなど比較的人為でコントロールできるものを対象とする。あるいは生業の風景を扱う場合も、一般的には重要文化的景観のような、すでに価値が認められた風景がどのように成立したかという過去の履歴について研究する。

現在進行形の生業の姿である農村風景をどのように扱ってよいのか、私の知っている「景観工学」では対応できない。それなら、これまでとは全く違う文脈で向き合わなければいけないのだろうと気づいた。これが農村風景との出会いである。

農村についてのさまざまな気づき

その後、過疎化が進行していて農業を続けられない状況があること、農村風景が壊れていく要因には、施設栽培用の施設の建設だけでなく、耕作放棄もあると知るようになった。たまたま見つけた、石積みの集落でのそば播き体験に参加したのはちょうどそのころのことである。それは後に私が石積みを習うことになった集落で開催された。集落に着いてすぐ、急な斜面に段畑と家々が張り付くように積み重なってい

写真序－2｜急な斜面に段畑と家がある集落（徳島県吉野川市美郷）

る様子に圧倒された［写真序－2］。

最初に農家の庭に集合し軒下でお茶などをいただいたのち、作業しましょうということで家の裏にある畑に移動した。その畑はお茶をいただいた家の2階の屋根と同じくらいの高さにあり、そこに移動するまでの数十mの小路は段畑をつなぐ坂道であった。

作業をする畑に着いたころには、すでに私は息が上がっていた。「棚田や段畑は作業効率が悪いから若い人が跡を継ぎたがらない、だから過疎化するのだ」という話は言葉のうえでは聞いたことがあり、知っているつもりだった。しかし私が経験したのはそれどころではない。農作業をする前、畑に行くまでが重労働だなんて想像したこともなかった。これは衝撃的な出来事であった。

私を含め、景観の専門家は、圧倒されるような風景があると、すぐに「景観計画をつくって保全しましょう」と考えてしまう。しかし、実際に作業をしてみて、中山間地域で暮らすということをもっと知る必要があると考えた。「残しましょう」と言うのは簡単だが、そこには暮らしがあるのだ。それを知らずに景観のことを語るのは無責任だと思った。

写真序―3 ｜ はじめてのカヤ刈り

そこで、まずは「カヤ刈り」や「土あげ」を体験した［写真序－3］。斜面地の段畑では、水田とは異なり耕作面の傾斜が残っているところがある。土の流出を防ぐため、カヤなどを切って土に梳きこむ。そうすると土の保水力が高まり土が流れにくくなると言われている。*1 肥料にもなって一石二鳥で、昔ながらの方法だ。それでも雨のたびに土が少しずつ下にずれていく。そのため、畑の中で谷側から山側に土を移動させる土あげという作業が行なわれる。農作業のなかで一番きついという人もいる。

これらの作業は、やはり大変であった。その集落では、農地にならないような集落のはずれの急斜面を茅場（カヤを生やしておくところ）にしており、カヤ刈りは、立つことさえままならなかった。土あげも、土が案外重く体力を消耗した。このような地味だけれど大変な作業が斜面地での暮らしを支えているのだと実感した。その後、その集落に通うようになり石積みも習いはじめることになった。

このころ、もう一つ大きな気づきがあった。それは農家と農産物の値段の関係である。

「冷暖房完備の自分より贅沢な環境で育てたシイタケに、

ちゃんと高値がつきますように」。日常の風景の描写と写真を組み合わせて絵葉書をつくるワークショップを中山間地域の人たちと開いていたとき、シイタケ農家の人がこんな内容の文章を書いていた。

最初に読んだとき、私にはその意図が十分に理解できなかった。後日、別の人が、「いくらコストや手間をかけてつくっても農家は自分で値段がつけられないから、祈るしかないんだよ」と解説してくれて、はっとした。現在主流の流通制度では農産物の価格は市場で決められる。手塩にかけた農産物に自分で値段をつけることも難しい状況があるのだと。「流通の仕組み」という知識を現実のものとして理解した瞬間であった。

まずは地元のものを食べることから始めてみた

こうして徳島に住みはじめてからそれまで知らなかったことをたくさん知るようになった。ただ、最初の「農村風景をどう捉えたらよいか」という問いは問いのままで心の奥底にあった。そこで私にできることとして、まずは耕作放棄をなるべく減らそうと「地元のものだけを食べる」ということを意識的にやってみることにした。全く学術的ではないのは重々承知であるが、何ごともやってみないとわからないというのが徳島に行ってから学んだことである。

「地元のもの」といっても、当時私が住んでいた徳島市のものではなく、徳島県内の中山間地域のものを産直市で買うことにした。幸い徳島県には、スーパーマーケットのローカルチェーンであるキョーエイが「すきとく市」という産直コーナーをもっている。そのため遠くの産直市まで出かけなくても、家の近くで産直野菜を購入することができた。

「すきとく市」は、スーパーがどこかの農村で直接買い付けてきたという意味での〝産直〟ではなく、農家がそれぞれ個包装で出荷し、大きさ、個数、値段、どの販売店で売るかなどを自分で決められる仕組みで成り立っている。[*2] 県内各地の集荷場から届いた野菜には、生産者の名前や市町村の下の町丁目まで書かれているため、なるべく過疎の激しそうな地域のもの、お年寄りがつくっていそうなものを選んでは「これで耕作放棄が少し回避できただろうか…」と考えるようになっていった。

もちろん、私1人の消費ではその効果は無いに等しい。しかしこれは私自身にとっては大きな変化であった。消費のベクトルが変わったのである。通常、古典的な経済学では消費者は自分の効用を最大化させるよう行動するとされている。一方で近年注目されているエシカル消費とは、自分のためではなく社会や環境を良くすることを考えた消費者の購買行動である。農村のことを思う消費はこれと同様で、こうした食生活の開始によって、美味しいとか安いなどの「自分のため」の内向きのベクトルから、「農村や地域社会のため」という外向きのベクトルへと意識が変わったのである。

メニューを決めるのは土地と季節

産直市で買った野菜だけで生活するのを何年か続けるうちに、日々の食事のメニューを決める主導権が自分にはあまりないことに気づいた。産直の野菜は地元の人が出しているため、スーパーの普通の野菜売り場のようなさまざまなバリエーションがない。徳島でつくられていないものは基本的に並ばない。全国から仕入れてくる普通の野菜売り場では、同じ野菜が長い期間売られ、その結果、多くの種類の野菜が並んでいる。それは南から北へと産地を変えるようなリレー出荷が行なわれているためだ。産直コーナーでは、一つの野菜が登場するのは「徳島での旬」のみである。

このように産直では、土地と季節に縛りがあり、並んでいる野菜は限られている。たとえば冬には大根、白菜、水菜、ホウレンソウといった野菜しか並んでいない。そうするとおのずと、並んでいる野菜を見ながら「今日は大根をどうやって食べようか」と考えるのである。「カレーが食べたいからジャガイモとニンジンと…」という食べ方ではなく、そこに並んでいるものからメニューを発想する。メニューの大元を決めるのは私ではなく、土地と季節である。

おそらくかつての暮らしはこうだったのだろう。私たちはいつの間にか人間が食べたいもの、あるいは栄養学的に見て食べるべきものからメニューを決めることが当たり前になっていたのだとあらためて気づかされた。

時代が下るにつれ、便利であることや、なんでも選べることが豊かであると考えられ、現在のような、食べたいものを好きに選んで食べるという食生活が定着したのだと思う。しかしはたして、現在のほうが本当に豊かで、かつての選択肢の少ない食生活は窮屈なのだろうか。

私自身が数年間産直市の野菜のみで生活した結果、それは違うと断言できる。たとえば野菜の種類の少ない冬を過ごしているうち、2月くらいになるとサヤエンドウなどのマメ類や菜の花が並び始める。冬野菜に飽きてきたころに新たな野菜が登場する喜びと、春が来るという期待が合わさってとてもうれしい気持ちになる。春野菜は実際の気温よりも一足早く春の訪れを教えてくれるのがまた良い。この長い冬を越えた先にある「待ってました！」という感覚は、現在の「なんでも食べられる」食生活の一部に旬のものを取り入れてみましたという程度では味わえない喜びがある［写真序-4］。

写真序−4｜産直市の野菜を生かした料理

上左：若ごぼうと油揚げの炒め煮（春）
上右：ナスとレンズ豆のスープ（夏）
下左：レンコンのペペロンチーノ風（秋）
下右：大根と油揚げの煮物（冬）

また、それらの野菜は旬の時期にしか食べられないため、旬が終わるまでに精一杯楽しもうという気持ちにもなる。限られた時期にしか食べられないからこそ豊かさを感じられる。なんでも手に入るようになったことは、モノの少なかった時代には豊かな生活を与えてくれる「進歩」に思えたかもしれない。しかし、ときを経て振り返ってみると必ずしもそれが「進歩」だったとは言いきれないような気がしている。

食と環境はつながっている

土地と季節に左右される野菜の選択は、もちろん楽しいことばかりではない。台風の長雨の後にはオクラしか並んでいないこともよくあった。しかし乾物などの保存食があれば問題ない。保存食はこういう時にこそ食べるものだろう。

こうした食生活は、自分の生活が環境と結びついていること、農産物は単なる「食品」ではなく「植物」であることを実感させてくれる。それはまさに、食の〝自然性〟を感じる体験であった。

もう一つ気づいたのは、地球環境との関係である。2011年ごろに原油価格が高騰した冬、ニュース番組でキュウリのハウス栽培をしている農家を取材し、加温できないからこんなキュウリしかできないと、曲がったキュウリを映像で紹介していた。旬のものだけで十分に豊かな食生活を送っていた私はその報道に違和感を覚えた。「そうまでして冬にキュウリを食べなくても…」。多くの人は店にキュウリがあるから、あるいはポテトサラダにはキュウリを入れるものだと信じているから、何の疑問もなく冬でもキュウリを買っている。

季節を問わず野菜が手に入る状況の背景には、先述したリレー出荷のほかに、ハウス栽培の多用がある。

しかしハウス栽培は加温という強制的な「季節」の調整によって実現しており、CO_2を排出する行為である（ハウス栽培にも「無加温栽培」というボイラーによる加温を行なわない栽培方法はあるが）。この一件をきっかけに、化石燃料やそれによるCO_2排出の問題を気にするようになり、そこから化学肥料や農薬など、水質や土壌環境への影響についても考えるようになった。もちろんすべての化学的な資材がダメと考えているわけではない。しかし、土壌や大気、農業資材の製造過程での環境負荷など、それらが与える影響について考慮に入れたうえでの選択であるべきだろう。

産直市の野菜には栽培方法に関する情報が書かれていないことが多く、実際の私の購買行動に反映させることはできなかった。それでも、食べ物の選択が農業のあり方に影響を与え、それが環境にも影響を与える連鎖をおのずと考えるようになっていった。

徳島で最初に見た農村風景を「美しくない」と思ったとき、「生業の姿だから…」と、外からいろいろと言うのはおかしいのではないかとも考えた。しかし農業のあり方は、農家が完全に自律的に決めているものではない。農家は、それが売れるから、求められるからつくるのである。つまり、消費者の購買行動が農業のあり方を決めているともいえる。

農家にとって農業が生業＝経済活動である以上、消費者との関係を抜きにして考えることはできない。「生業の風景だから口出しできない」というのは、農村の問題を農家の人びとに押し付けているだけだともいえる。農村風景に「出会って」から数年後やっとそれに気づくことができた。

消費者は農村風景を壊すぞと積極的にそうした購買行動をしているわけではなく、知らないことの結果であることも多いと思う。しかし知らないことそのものに問題が潜んでいるのではないだろうか。

「風景をつくるごはん」と名づけた理由(わけ)

こうした食生活を粛々と続けるうちに、テレビの料理番組で季節外れの野菜をメイン食材にしていることや、ファミレスやコンビニ弁当で一年中同じメニューがあることにも違和感を覚えるようになった。そして、季節感のない食生活を送ることに対して社会全体がかなり鈍感になってしまっているのではないかと考えるようになっていった。

地元の産直市で手に入る野菜だけで暮らすというのは、中山間地域のことを想像しながらの個人的な行動であったが、徐々に、これを広めていくことが必要なのでは？　と感じるようになってきた。「地産地消とも違うし、何か名前をつけたら？」と知人から提案されたこともあって、定義と名づけをしてみることにした。２０１２年ごろのことである。

定義をするにあたって、まずは自分がどんなものを選んでいるか明文化してみたのが図序－１である。当時徳島に住んでいたため「１．基本は徳島県内産の食材」は基本ルールであった。徳島で活動している以上、風景をつくっているものを消費することで、徳島の風景を維持したいと思ったからである。ただし場所についてはそれぞれの住む場所や応援したい場所によって変更可能な部分であるし、都会に住んでいれば場所を限定しない方法もある。「２．選べるときはなるべく過疎地域のもの」は、県内でも応援したい優先順位を考えた結果であった。ローカルな消費ではあるが、単純な地産地消でもないのがポイントだ。「３．できるだけ産直市で購入」は、単にフードサプライチェーンの長さの話だけではなく、先述したように市場を経由して届くものは農家がかけた労力とは関係なく値段がつけられるため、なるべく生産

1. 基本は徳島県内産の食材
2. 選べるときはなるべく過疎地域のもの
3. できるだけ産直市で購入
4. 調味料など難しい場合は四国内
5. 加工品は天日干しや伝統的手法のもの
6. 旅行先で買ったものはOK（むしろ積極的に）
7. それ以外は栽培過程に配慮がなされたもの

図序−1 | 明文化した食べ方

者が自ら値段をつけたものを購入したいという思いからである。

ここまでは基本中の基本であるが、ほかにもある。「4．調味料など難しい場合は四国内」は1と同様の理念による。「5．加工品は天日干しや伝統的手法のもの」は、太陽エネルギーなどの自然を利用したものを選びたいという理由と、みりんやしょうゆなどはなるべく伝統的手法でつくったものを選ぶことで、加工の文化をつないでいきたいという思いからである。干し芋、干柿、切り干し大根やコメを干す風景が季節の風物詩として残ってほしいという思いもある。

「6．旅行先で買ったものはOK（むしろ積極的に）」は、旅先で農村風景を楽しんだらそのお礼をするべきであると考えたから。そして「7．それ以外は栽培過程に配慮がなされたもの」は、スパイスなど日本では生産されていないようなものを購入する場合は、環境に配慮した生産を行なっているもの、できれば労働環境などにも配慮した製品を購入することにしている。

以上が私の消費を明文化したものだ。ただ、これを広める場合にあまり細かいルールがあっても義務的になってしまうと思ったため、結局は対外的には「自分のごはんがまわりまわって田舎の風景をつくっている、そんなことを考えながら選んだごはんのこと」という気持ちのもち方だけを定義にすることにした。まずは気持ちを向けることが重要であって、それぞれの人が実際にどこまでできるかは、住んでいる場所や食にかけられる時間、経済状態など、さまざまな状況によると考えたからである。

名前をつけるにあたっては、食べるものの選び方が農業や農村環境に影響を与えること、つまり食卓と農村がつながっていることを意識化できるものにしようと考えた。そこで、農村のもつ、良好な環境、社会、空間的広がりを指す言葉として「風景」という言葉を用いることにした。ここでいう風景とは、単に土地の表層、見た目としての風景ではない。

地域のものを消費する取り組みとしては、これまで、地域のものをその地域で消費することを意味する「地産地消」という言葉が用いられてきた。そこから発展して、農村で生産されたものを都会で消費する「地産地商」「地産都消」も、あまり普及はしていないが使われてきた。だが、産地と消費する場所を表わすだけの言葉は、消費者と地域のつながりや空間的広がりをイメージさせるには物足りないと考えた。

消費者と農村の「つながり」に関する言葉としては、生産地の追跡可能性を示す「トレーサビリティ」がある。しかしトレーサビリティは生産の過程の情報がわかるという状態を表わす言葉である。生産地の環境や社会の情報を気にして購買行動につなげるか、自分自身の安全のための情報として受け取るかは、人それぞれである。

しばらく悩んだ結果、「風景をつくるごはん」というストレートな名前を思いついた。良好な農村環境、農村社会を象徴するものとしての「風景」、消費者の意志や選択次第でそれが変化するということを表わす「つくる」という能動的な動詞、そして消費者が選ぶ対象となる野菜などの食品である「ごはん」から成っている。目的、手段、対象が入っている名前である。

「持続可能な暮らし方」に集約された研究テーマ

こうして、食と農、環境の関係性がおぼろげながらわかってきたところで、もう一つの転機が訪れた。2015年の4月から3か月間、石積み研究のためにイタリアで在外研究をしたときである。

イタリアでは、ベネチア建築大学で農村風景について研究しているヴィヴィアーナ・フェッライオ准教授のもとで在外研究をすることにした。彼女がパドバ大学のマウロ・ヴァロット准教授を紹介してくれた。隔年で開催されている段畑の国際会議が翌年にイタリアで開催される予定になっており、その準備委員会のトップがマウロ先生であった。イタリアに行って1か月が経ったころ、イタリア中から段畑の研究や保全活動をしている人たちが集まって第一回の準備会をするというので、オブザーバーとして参加させてもらった。在外研究の残りの期間は、そこで知り合った人たちの活動場所を訪ねて歩くことにした。

エコミュージアムの取り組みから石積み保全活動が始まったトリノの南の小さな街、コルテミリア、2011年の土砂災害を受けて復旧が進む国立公園内のチンクエテッレ（8章参照）、厳しい斜面に段畑が築かれており、保全活動が始まったばかりのアマルフィ海岸。北から南まで、いろいろなところに行った［写真5］。

イタリアでは2000年代に入ってから石積みや段畑の研究が盛んになっていたが、それはまだ研究者の間でのことであった。一般の人にも石積みの重要性が広く認識されているという状況ではなかった。その点では日本とよく似ていて、とても話が合った。しかし、彼らと話をすると微妙に話がかみ合わないこ

写真序−5 | イタリアの段畑
上：コルテミリアの段畑、下：アマルフィの段畑

ともあった。ところどころに「環境」の話が出てくるのである。そのことが、私にはよく理解できなかった。

私は農村風景の研究と同時並行で石積みの実践と研究もやっていたが、それぞれ「風景」から入ったこともあって、異なる二つの研究をしていると自分では認識していた。私にとっての石積みの研究は、伝統的な農村風景を守る、そのための技術が継承されていないから技術の継承について実践と研究をするというものであった。だから、石積みの話題に環境の話が出てくることが理解できなかったのである。

農村風景の話題でも、理解できないところがあった。ヴィヴィアーナ先生は、ブドウ畑でかつての痕跡を探す研究をしていると話してくれた。ブドウ畑に混在する樹木はかつての農業の痕跡で、それがわかることで農薬を減らすことに貢献できると言っていた。当時の私にはそれが意味することが全くわからなかった。イタリアにいる3か月の間にはその意味するところを理解できず、「私の知りたいことではないな…」と思いながら帰国した。

イタリアの研究者らが言っていることが理解できるようになったのは、イタリアで紹介してもらった農村風景に関する二つの資料「農村振興のための国家戦略計画（PSN）[*3]」、「風景―国家戦略計画起草へのテーマ別検討（Paesaggio）[*4]」と、石積みに関する一つの資料を読んでからである。

農村風景についての二つの資料は、EUの共通農業政策における農村振興政策に基づいてつくられた資料である。資料の詳細については1章で説明するが、これらの資料では地域の環境に即した持続可能な方法での農業が良好な風景につながると書かれていた。先ほどのヴィヴィアーナ先生の話も、ブドウ畑にある樹木を探すのは、単なる「伝統的な農村風景の掘り起こし」ではなく、ブドウの木の間に樹木を混在させることが病気や害虫からブドウを守る農家の知恵であり、消えかけているかつての知恵を、農地に残存する樹木から明らかにしようとする研究[*5]であると理解できるようになった。

一方、石積みについては、アルプスを中心とするイタリア、スイス、フランスなどの研究者が段畑について集中的に研究したALPTERプロジェクトの報告書を読んでより理解が深まった。報告書の冒頭には「段畑を研究対象とするのは、それが生産物、斜面の安定のための工作物のつくり方や維持の方法、ローカルエネルギーバランスなどの、人と土地との統合の仕方をわかりやすいかたちで表わしているからだ[*6]」と書かれていた。

段畑の研究をする意味に、伝統や景観、文化という言葉が出てこないことに驚いた。そこに書かれていたのは、かつて行なわれていた、その場にある限られた資源での暮らし方が、持続可能な暮らし方を模索するうえで参考になるという説明である。伝統や文化など、どちらかというと過去に由来する価値に目を向けるのではなく、これからの社会にとっての価値に目が向けられていた。

この一文を読んで、目が開かれるようであった。単なるノスタルジーではなく、残す意味がある。私のなかで石積みの捉え方が大きく広がり、また石積みの活動に勇気をもらえたひとことであった。こうして、イタリアでの会話の背景にある考え方も理解できるようになり、私の二つの研究テーマである農村風景と石積みが「持続可能な暮らし方」として一つのテーマに集約されたのである。

なぜ中山間地の人たちばかりがんばらなくてはならないのか？

徳島ではありがたいことにいろいろな自治体、住民の団体から声をかけてもらい、毎日どこかしらの農村集落に出かけ、いわゆる「まちづくり」の活動をするような生活をしていた。

徳島市に隣接する県内唯一の村、佐那河内村では、先述した風景を描写するワークショップを行なった。写真を撮ってその風景を描写し、絵葉書やポスターにするワークショップである［写真序-6］。「ことばで風景スケッチ」と名付けたその活動は、[*7]農村部でよく聞かれる「うちには何もない」という意識を解消しようという試みであった。

農村部では、子どもたちが高校や大学、就職時に地域外に出て行くことはほとんど避けられない。だが就職や子育てなど、いつか何らかのタイミングで戻ってきてほしいと考えたとき、「うちにはいろいろ良いところがあった」と感じてから出て行ってもらいたい。

通常、自分たちの住んでいる場所の風景は、見慣れすぎていて意識されない。目には入っているけれども、見過ごしている。そこで、風景を写真に撮り、感じたことを言葉にして共有することで、身の回りの風景を意識できるようにしようとした。白黒の風景が、きらきらと色づき始めるようなイメージだ。

その後、その縁がつながって、佐那河内では村の眺めの良い道を散策しながら有機栽培をしているおばちゃんたちの畑を回って、その場で収穫した野菜が買えるという取り組みも行なった。「オープンファーム」と名付けて何度か開催したが、結局、参加者と農家を結ぶ役割を果たす人が持続的に確保できず、残念ながら大きな活動にはならなかった。

そのほか県の南部にある那賀町では、徳島大学が立ち上げた地域再生塾の取り組みで毎月1回は通った。四国八十八か所霊場を狭い範囲に再現した「写し場」のひとつ「水崎廻り」のマップをつくったり、特産の木頭ゆずを売り出す取り組みを地域の人たちと行なった。木頭ゆずは品質が非常に高いものの、その品質の高さゆえ市場ではすべてプロに買われていくためにその名前が一般に知られていない。そのため「木頭ゆず」と名乗っても価値が上がらないという問題があったのである。

地域の人たちと協力して、木頭ゆずの果汁を米酢代わりに使ったちらしずしである伝統料理「かきまぜ」をＰＲしたり、あの手この手で知名度アップの作戦を練った［写真序－7］。その過程で、他の地域の農産物を使った「地域活性化」の事例を多数知ることとなったし、知名度を向上させた先に何を実現することが目標なのかについて考える機会にもなった。

こうした取り組みは非常に楽しく、勉強にもなったし、やりがいがあり、私の研究生活を語るうえで外すことはできない。しかし一方で、何年も続けているうちにひとつの疑問が湧いてくるようになった。

写真序─6 ｜「ことばで風景スケッチ」の成果を展示している様子

写真序─7 ｜ 地域再生塾で行なった「かきまぜ」の試食会

「なぜ農村の人たちはこんなにがんばらなくてはならないのか？」

というのも、こうした取り組みは手間がかかり、時間をとられる。土日がつぶれることも多いし、体力も必要である。地域再生塾に参加していたおばちゃんたちも、家族に怒られながら家を出てくると言っていた。

こうした取り組みは一般的に「地域活性化」と呼ばれるが、実際にはすごく元気な地域にしようというものではなく、地域が衰退してしまわないための現状維持のための取り組みである。都会の消費者は自分たちが食べたいものを食べ、好きなように暮らしているのに、中山間地域などの農村の人たちはこうした取り組みをしなければ自分たちの地域を維持することができない。しかも、他の地域で成功事例とされるものの多くは「都会の人びとにどうやって買ってもらうか、選んでもらうか」を競っているように見える。都会の人の好みに一生懸命対応したとしても、その好みは一過性のブームだったりする。

私はもともと一人でいるのが好きで、みんなでワイワイと取り組むことに意義を見出すタイプではない。それもあって、楽しければよいとは思えず、一般的には良いことだとされる「地域活性化」の取り組みを農村の人たちだけが強いられている状況に疑問を感じるようになった。

「強いられている」という言葉を使ったが、私も実際にいろいろな活動をやってみて、活動それ自体は楽しいし、やっている間は「強いられている」と感じないのはわかる。しかし、中山間地域ではこうした活動をやらないと消滅するぞと脅されているのが現状ではないか。「風景をつくるごはん」を実践していろいろと考えを巡らせていたこともあり、楽しいからそれでよいとすませるのではなく、農村の人たちが「活性化」の取り組みをしなくとも、普通に生きていても農村が元気だといえる状況をつくる必要があるのではと考えるようになった。

農村が、都会の人びとに選んでもらえるよう、農産物を買ってもらえるよう、常に顔色をうかがわなければならないのはおかしい。現状では、都市と農村は「選ぶ―選ばれる」という不平等な関係にある。都会と農村の関係を結び直すことができないだろうか。

都会と農村の関係は、長い時間をかけてつくられてきた。その関係の下地には、農業や地方創生の制度、流通の形態などがあり、それらが暮らし方や活動を規定し、人びとの価値観をつくっている。それらの総体を本書では「社会のシステム」と呼びたい。この「社会のシステム」は社会のベースにドンとあり、あらゆる「当たり前」をつくっている。都市と農村の「選ぶ―選ばれる」という関係は、当たり前、仕方ない、そういうものだ、と受け入れるべきものとは思えない。

50年後、あるいは100年後に都市と農村が良好な関係であるために、そこに向かって社会のシステムを変えていきたい。その方法を本書では考えていくつもりだ。

「風景をつくるごはん」をめぐる旅

少し前置きが長くなったが、「風景をつくるごはん」の取り組みとその背景についておわかりいただけただろうか。ここから始まる「風景をつくるごはん」をめぐる旅は、私のフィールドである日本の農村とイタリアの農村を行き来する地理的な旅と、過去と現在、そして未来を行き来する時間的な旅、そして私の個人的な経験、実践と研究を行き来する思索の旅――という三つの意味を込めている。

社会のシステムはその中に自分がいるかぎり、なかなか見えにくい。社会のシステムから少し飛び出して、現状を眺めてみるのが良い。過去との比較、海外との比較はそういう意味がある。

次章以降は、私の考えたことだけでなく、もう少し具体的な情報も入れながら、農村風景の美しさとは何か、そのためには何が必要か。そのことをいろいろな時空に飛びながら読者のみなさんといっしょに考えてみたい。

注

＊1 世界農業遺産になっている「にし阿波の傾斜地農耕システム」でも同様に、農地にカヤを梳きこみ土砂の流出を防ぐことが、傾斜地の農業の知恵としてあげられている。

＊2 詳細は、生産者が儲かる仕組みづくりで地域を元気に、「都市計画」、３６２号、２０２３を参照

＊3 "Piano Strategico Nazionale per lo Svipuppo Rurale", Ministero delle Politiche Agricole Alimentali e Forestali, 2007

＊4 "Paesaggio – contributo tematico alla stesura del PSN", Gruppo di lavoro "Paesaggio", 2006

＊5 この研究は２０１９年に"Letture geogfariche di un paesaggio storico- La coltura promiscura della vite nel Veneto", Cierre Edizioni として出版された。

＊6 Gulgielmo Scaramellini, Mauro Varotto, "Terraced Landscapes of the Alps - Atlas", Marsilio, 2008

＊7 詳細は、「あたりまえの風景」を輝かせる―「ことばで風景スケッチ」を事例として、「都市計画」、３５３号、２０２１を参照

第一部

農村風景が生み出す価値

第1章

「美しい農村風景」ってなんだろう

2020年代の今日、日本では「美しい農村風景は守られるべきもの」という考え方がだんだんと広がっている。しかし、そういう認識が生まれてからまだ30年ほどにすぎない。それでは、良好な農村風景とは何だろうか。農村の良いと思う風景、良い状態にある農村の姿、目指す農村の姿…。持続的な農村のための「風景」について考えてみたい。

農村風景への注目

本書のタイトルは「風景をつくるごはん」である。美しい風景というと、何か、飾りのような、誰かの好みでつくられたものというイメージもあるかもしれない。実際にはそんなことはないのだが、たしかに、バブル時代の橋などで、ゴテゴテと飾りをつけたようなものが登場し、このときにつくられたイメージが、

表1－1 ｜ 第一次産業の風景に関するできごと

年	できごと
1975	世界遺産条約発効。モニュメンタルな文化遺産、自然遺産からスタートする
1992	世界遺産に文化的景観の考え方が入る
	［日本］日本が世界遺産条約に批准
1995	フィリピンのコルディレラの棚田が文化的景観として初めて世界遺産に登録される
	［日本］全国棚田サミットが始まる
1999	［日本］農林水産省が棚田百選を選定
2000	［日本］文化庁による文化的景観の調査（2005年まで）
2005	［日本］文化財保護法が改正され、重要文化財の一つとして重要文化的景観が規定される
	［日本］景観法が施行され、農村風景も景観行政の対象となる

風景を、本質とは関係なく飾りのように捉える風潮につながっているのだろう。

実際、授業で風景の話を始めると、「風景を保全する意味がわかりません」と言われることもある。誰かの好み、飾りだと思っているならそう思うのも無理はない。だが、本書で対象とする農村風景は、誰かが見栄えのためにつくっているものではない。棚田や果樹の風景は、生業の姿である。また、その風景が、新たに資源となり、人びとを呼び込んだり、そこで新しい事業を起こす原動力になったりもする。農村風景は、農村の生業の結果であり資源である。地域の活力そのものだと言えるだろう。

農村風景の保全について見てみると、１９９５年に全国棚田サミットが開始され、１９９９年に農林水産省によって棚田百選が選定された。世界に目を向けると、１９９２年に世界遺産に「文化的景観」のカテゴリーが登場し、１９９５年に第一号としてフィリピンのコルディレラの棚田が登録されている。こうしたことを考えると、日本だけでなく世界的にも、第一次産業の場をたたえる対象、残すべき対象として見はじめたのはこのころからである［表１－１］。

その後、2005年に景観法が出来たさいには、農村風景も対象となった。それまで景観行政のほとんどが各家々の連なりからなる「まちなみ」を対象にしていたのに対し、農山漁村を含む国土の全域が景観施策の対象になったのである。景観法の第一条も、「この法律は、我が国の都市、農山漁村等における良好な景観の形成を促進するため」という文言から始まっている。

景観法制定の背景にあるのは、一般的に、2003年7月に国土交通省により発表された「美しい国づくり政策大綱」であるとされている。政策大綱では、それまでのインフラの「量」の充足に偏っていた国土づくりを反省し、「質」にも目を向ける必要があることを宣言している。そのなかに、美しい国づくりのための15の具体的施策が書かれており、その一つに「景観に関する基本法制の制定」があった。

一方、ほぼ同じ時期である2003年9月に農林水産省も「水とみどりの『美の里』プラン21」を公表している。地域の個性を重視した魅力的な農山漁村づくりを目指し、各種計画や事業での景観配慮の原則化や取り組みの推進などの施策についても言及している。景観法制定時の国会での議論などをみると、農林水産省も景観法を重視しており、この美の里プランが景観法に至る指針とされていたことがうかがわれる。

「人本位」と「環境本位」——美しい風景をめぐる二つの評価軸

このように、景観の基本法制である景観法は、都市のみならず農山漁村の魅力を高める目的で制定されたのである。では、景観法において「美しい風景」はどのように定義されているだろうか。

法第二条「基本理念」の第二項には「良好な景観は地域の自然、歴史、文化等と人びとの生活、経済活動等との調和により形成されるもの」と記載がある。こう書くと、良好な景観が定義されているように思えるが、実際には、景観法では、各自治体が景観計画を策定するさいに、公聴会など住民の意見を聞きながら目指すべき景観を決めることとなっている。つまり、法で一律に良好な景観を決めるのではなく、各地域で決めるという仕組みになっているといえる。

法制定時の国交省へのインタビューでも「景観というような主観的な美しさをだれが決めるのか、そもそも決めることができるのか、どのようにしてそれを担保していくのかなど国の法律でやろうとするといくつも解決しなければならない課題があったわけです」と説明されている。その解決策として、地域ごとに美しさを考えるという「手続き」のみを定めたという。[*1]

しかし、はたして景観（風景の美しさ）は、本当に主観的なものと言い切れるだろうか。あるいは、主観的なものだとして、地域ごとに合意で決めてよいものだろうか。ここで、農林水産省が出した「水とみどりの『美の里』プラン21」をみてみよう。美の里プランでは、農村を含む農山漁村の美しさを次のように説明している。

> 農山漁村においては、自然の造形を背景とし、気候風土に適した形で農林漁業を営む中で編み出されてきた「生きるための技」や、人びとの生活の「息遣い」が感じられるような、それぞれの地域に固有の個性ある美しい風景が作られてきました。

自然の造形をベースに、気候風土に適した農業のかたちが生みだす風景を「美しい風景」であると定義していることがわかる。これが主観ではないことは明らかである。それぞれの土地にはそれぞれの気候風土があり、それに即した農業の姿が美しいと言っているのである。

景観法で定められた手続きによる美しさの決め方は、人びと、しかも「現在、その地域」という限定された人びとの合意による美しさである。一方で、美の里プランで定義されている美しさは、もともと存在する環境がそのベースにある。つまり、景観法と美の里プランでは、人の判断にゆだねるのか、環境をベースにするのかという異なる評価軸を採用していると言える。議論を進めるうえで、前者の評価軸を「人本位」、後者の評価軸を「環境本位」と呼んでおこう。

二つの評価軸による「美しい風景」のずれ

美の里プランでは、気候風土に即した農業がつくる風景を美しいと定義しており、環境本位の評価軸である。一般的に、かつての農村では地域の気候風土に合うような生業を行なっており、伝統的な農村風景は環境本位の評価軸で「美しい」とされる風景である。また、おそらく多くの人は実際にそうした風景を美しいと思うのではないだろうか。つまり、伝統的な農村風景は「人本位」の評価軸でも美しいとされていると言える。

序章で述べた、私が施設栽培用の建物が点在する風景を「美しくない」と思ったのは、私がそう思ったという点で「人本位」の評価軸で否定的に捉えたということである。施設栽培は、地域の環境と切り離して「作物にとっての環境」をつくりだしているという点で、地域の「気候風土に適した形」での農業が営まれていない風景である。したがって、環境本位の評価軸でも「美しい」とは言えない。ともに否定的で

写真1−1 | どこまでも続くブドウ畑の風景
フォトジェニックだが、単一栽培の風景である

はあるが、これも「環境本位」での評価と「人本位」での評価が一致している例である。

これだけであれば問題はシンプルなのだが、一致しない例もある。たとえば、ヨーロッパでよく見られる丘陵に広がるブドウ畑である［写真1－1］。序章でも説明したように、かつてはブドウの木だけを植えるというようなことはせず、いろいろな植物を混植することによって病気や害虫に備えていた。それが、近代化の過程で生物多様性の低い単一栽培に変化した。

一面ブドウしかない風景は、環境本位の評価では必ずしも良いと言えない。しかしそれがどこにもない風景だったり、幻想的であったりフォトジェニックであれば、人本位の評価では良いとされる。

そのほか、「環境本位」と「人本位」の評価が一致しない例として、見た目に現われづらい環境がある。たとえば化学肥料や農薬の使用による土壌有機物のバランスの悪化や昆虫の減少、あるいは生産性向上のための栽培品種の変化など。これらは、見た目の変化としては認識されにくい。ここでいう品種の変化とは、米から大豆へといった品目の変化ではなく、各地域の固定種、伝統種から大手種苗会社が育成し販売する統一的な改良品種、F1種への変化のことである。

環境は、地球規模の気候変動から微生物まで、実に多様なスケールをもっている。人間の視覚で捉えられるのは、そのごく一部である。そのため、「見た目」ではすべてを把握しきれないのである。こうして必ずしも地域の環境に即した農業をしておらず、環境本位では良いと評価できない風景でも、自然に即した農業の風景と「同じ」に見えてしまうことがある。つまり「人本位」では伝統的な風景と変わらず美しいと評価される現象が起こってしまうのである。

二つの「美しさ」は一致するか？

持続可能な環境を目指すという観点からは、環境本位で評価される風景を重視するのが良いと考えられる。しかし一方で、農村の経済を活性化させるには観光という要素も重要で、これは人びとに良いと思ってもらえなければ成り立たない。どちらを優先すべきか？　と考えると難しいのだが、第三の方法がある。それは、人本位の評価軸を環境本位の評価軸に近づけるという方法である。

どんな風景を良いと思うかを変えられるの？　と思う人もいるだろう。たしかに、「これは環境に良い農業をしている風景なので、これを明日から良いと思いましょう」と言われても戸惑うだろう。しかし実際には、風景の評価はもう少し複雑である。景観工学では、何を良い風景とみるかには、個人の主観を超えたいくつかの理由があるとされている。

たとえば、身の安全を確保できるような場所は好意的な評価がなされるなど、生物としての生存本能に起因した評価がなされるとされる。あるいは、人間は馬などとは違って目が顔の正面についているため見える視野はほぼ共通しており、そこに収まりの良い風景が心地よいとされるなど、人間の体の構造からくる評価もある。

それ以外には、社会の価値観や倫理観がつくる美意識もあるとされている。樹木を刈り込んだ西洋の庭園と、自然を写したような日本の庭園とで、美意識が違うというようなことは、わかりやすい例である。

もう少し身近なところで言えば、平成の中ごろまでは街中でたばこを吸うのは当たり前で、映画などには喫煙する姿を「かっこいい」と捉えたシーンもよく登場した。好意的に受け取られる風景だったわけである。しかしたばこの害への認識が広まり、実際に喫煙を禁止される場所が増えてきたこともあって、喫煙する姿はもはや好意的な風景ではない。

そのほか環境意識に起因する例として、戦後の復興期には山を切り崩しどんどん建設工事が進んでいく様子や、工場の煙突から煙がモクモクと出る様子が活気があって良いとされていた。今はそういう風景を見ても頭の片隅に環境への心配がちらついてしまうだろう。

生存本能や体の構造からくる評価は不変であるが、社会の価値観や倫理観からくる評価は、その時代には普遍的なように思えて、案外簡単に変わっていくのだ。

農村風景は主に自然物から成り立っているので、環境への意識が左右する部分は多い。そして現在、人びとや社会の共通認識としての環境意識は急速に変化している。そうであるならば、風景に対する人本位の評価軸を環境本位の評価軸に近づけることは可能なのではないだろうか。

それはすなわち、現在私たちが思う「美しい風景」をいかにしてつくるかという発想ではなく、持続可能な環境にとっての「環境本位」での「美しい風景」を目標にして、それが「人本位」でも美しいとされる社会をつくる――という考え方である。そもそも、美の里プランで書かれている風景は環境本位と人本位、それぞれの評価での「美しい風景」が一致しているのだから、それは必ずしも無謀なものでもないだろう。

イタリアの農業政策における農村風景の資料との出会い

ではどうすればよいのだろうか。そこで、私がこうした考えに至るきっかけになったイタリアの二つの資料について紹介したい。一つはＥＵの共通農業政策で農村振興政策が始まるときに、各国がつくった「農村振興のための国家戦略計画（ＰＳＮ）」、そしてもう一つはイタリアのＰＳＮのために風景について特別にワーキンググループを設けて作成した「風景―国家戦略計画起草へのテーマ別検討（Paesaggio）」。本節ではこの二つの資料の概要を説明し、次節以降で私が「驚いた」ことを中心に紹介しよう。

まずＰＳＮについてであるが、これはＥＵが１９９９年に農村振興政策を「第二の柱」（第一の柱は農産物の生産）と位置づけたところから始まる。２章で詳しく説明するが、ＥＵでは１９８５年に農業政策を環境保全の方向に転換することを明言し、その後さまざまな改革を行なってきた。その過程の一つに、農村の社会や環境に目を向けた農村振興政策があったのである。

２００３年、ＥＵは農村振興を進めるための基金を創設することを明言し、２００６年２月には「農村振興のためのガイドライン２００７―２０１３」[*2]を出し、基金の使い方についての指針を示した。加盟国は基金を農村振興事業の補助として使用するために、ガイドラインに従って国ごとの戦略計画を立てることを求められることになる。ＰＳＮは、それを受けてイタリアの農林省（正式名称は農業・食品・林業省）がつくった戦略計画である。

ＥＵのガイドラインでは四つの柱が示された。その柱とは「農業と林業の競争力」「農村地域における環境の改善」「農村部における生活の質の向上と農村経済の向上」に加え、「ＬＥＡＤＥＲアプローチ」と呼ばれる、住民からのボトムアップ型の進め方である。具体的には、農業や林業の競争力を高めつつ、観光や生物多様性、持続可能な発展、および自然遺産、文化遺産の保全についても配慮することが求められた。

このように、ＥＵのガイドラインでは風景のみが強調されていたわけではなかった。しかし、イタリアのＰＳＮでは風景が重視されていた。それは次のような事情による。

第二次世界大戦後につくられた憲法に風景保護が入っているなど、イタリアには歴史的にみても農村風景の重要性に共通認識があった。そのこともあってか、フィレンツェ大学のマウロ・アニョレッティ教授らが農林省のもとで「風景ワーキンググループ」を組織して農村振興と風景の関係性や重要性について検討を行ない、その結果をＰＳＮに反映させたのである。ワーキンググループが検討結果をまとめて２００６年に発表したのが、先に述べたもう一つの資料Paesaggioである。

農業が変化すると風景も変化する

ＰＳＮを読んで驚いたのは、風景の変化についての記述である。資料はまず、基礎的な調査の説明から始まる。最初は、日本でも言われている生活景の成り立ちや、それが人びとを惹きつける資源になることなどが説明されている。イタリアの農村の風景が、何千年もの生活の結果として生み出されたものであるとか、それらが文化的特徴の基盤となっていること、農産物やその加工品の付加価値になり、観光に対する価値も形成していることなどが書かれている。ここまでは、それほど驚くことではない。

私が驚いたのはここからで、こうした風景と生業のかかわりが書かれたうえで、風景の変化について言及されていた。「しかしながらこの数十年の間に、そうした風景の特徴は失われつつあることが懸念されている」と。風景が変わったというのは考えてみれば当たり前なのだが、私は農村風景を保全の対象として見ていたために、基本的には変わっていないと思いたかった節がある。景観工学の分野では、一般的に農村風景は、棚田百選や重要文化的景観など、保全の対象として語られるからである。そうした農村風景に価値があると言おうとすると、昔の風景が残っていることを強調する必要があるのだ。私自身も「石積みが減少しつつある」などとは言いつつ、無意識のうちに「変わっていない部分」を選んで愛でているようなところがあった。

ＰＳＮで「風景の特徴が失われつつある」と述べられているのは、農村風景について、そこで行なわれている農業活動との関係に着目しているからである。前節までのところで、「環境本位」で美しいとされる風景に農業そのものの話を出したのは、この資料から学んだことである。

資料では、たとえば、変化の理由について、「工業的農業を導入したために集約と単純化が進み、外からのエネルギー供給によって成り立つ農業システムが普及したためである」とある。さらに「そうした農業は経済的には成功をもたらしたが生態系は脆弱になり、土地ごとの特徴を表わさなくなり、場所ごとの違いが喪失することによって風景が悪化した」という。

工業的農業とは、大型の耕作機械の導入や工業製品である農薬、化学肥料の投入、それらを用いた単一栽培に向く品種の栽培などのことを指している。具体的な風景の特徴の喪失として「工業的な単一栽培の発展によるワインぶどう畑やオリーブ畑などの集中は、混成栽培や農村部を大きく特徴づけていた木々を消滅させ、生物多様性に悪い影響をもたらした」「多くの場合、伝統的な土地利用を消滅させ、その土地の文脈とは切り離された新しい風景の単一化を引き起こした」と述べられていた。

この記述を読んで、私が、農業基盤に限定して風景を捉えていたのだなと気づいた。景観計画や重要文化的景観などで対象とするのは、基本的に「モノ」である。そうした目で見ていたからか、棚田の石積みがコンクリートになったとか、農地に施設ができたとか、風景の構成要素を無意識のうちにモノに狭めていたのである。だから、変わった部分はあっても、基本的なところは昔のままだと考えていた。農村風景は生業の姿であると言いつつも、私が見ていた「生業」は、耕作されているかどうか、くらいのものでしかなかったのである。

私だけでなく、農林水産省もどうやらそうである。美の里プランでは、環境に即した農業が美しい風景をつくってきたとの説明の後、現在ではその風景が生かされていない状況にあるとの説明が続いている。過疎化や高齢化による耕作放棄の進行、効率性や利便性を優先した生産基盤などによって「必ずしも各地域がもつ美しさや魅力の根源である地域の個性を生かした整備が行なわれてきたとは言い難い状況にあります」という。耕作放棄や生産基盤への言及のみで、農業そのものの変化には言及していないのだ。

ＰＳＮにはさらに、「こうした風景の破壊現象を加速させたのは、このようなことが起こることを予測せずに行なわれたインセンティブや補助金に原因がある」ともあった。過去の農業政策の否定である。そもそも農業の中身がしっかり見えていなかった私には、風景と農業政策を結びつける発想もなかった。ＥＵの農業政策については、次章で詳しく述べたい。

農業の工業化と風景・環境・過疎はつながっている

風景の変化を農業の変化と結びつけると、いろいろなことが見えてくる。風景の変化の理由として書かれていた農業の工業化による影響もその一つである。PSNでは、農業の工業化を「外からのエネルギーで支えられる農業システムの普及」であると捉えている。

農業はそれを業として行なうかぎり、つねに農作物を「持ち出し」ており、農地には何か（たとえば肥料）を投入しなければ成り立たない。たとえば里山が維持できなくなったのは、肥料として入れていた下草や枯葉を里山からとらなくなり、外から買ってきた肥料を使うようになったこととつながっている。

PSNでは、そうした目に見えるものだけではなく、エネルギーについても書かれている。外からのエネルギーで支えられる農業になったということは、その土地とそこに住む人の間のみで農業が成立するのではなく、大きな経済のなかに位置づけられるようになったということでもある。こうして、農業の変化を地域外との関係で捉えるのも私にとっては新鮮であった。

もう一つ驚いたのは、単一栽培が地域の風景の特徴を失わせ、生態系を脆弱にしたというように、生態系と風景が同列に語られていることであった。日本では景観法の仕組みにもみられるように、風景の良し悪しは人が決める「人本位」の評価軸が前提となっている。また、日本の景観工学では伝統的に、見る対象を人がどう思うかというメカニズムが研究の対象となることが多かった。そのため、風景はいたって人文的な要素を含んでおり、風景と環境問題は全く別のものとして捉える傾向が強い。

しかしPSNでは、地域内での物質循環や生物多様性といった環境的な側面が土地ごとの特徴になり、土地ごとの固有の特徴が「風景の良さ」である、という認識で語られているのである。景観工学を学んできた私には頭の切り替えが必要であったが、風景の良さの捉え方が違うということを理解したとき、これまで説明してきた「環境本位」「人本位」という二つの評価軸があることに明確に気づくことができた。

さらに資料では「単一栽培や集約的農業に向かなかった山間部は過疎化が進み、再自然化が起こったり耕作放棄が進んだりした」という。どのような農業が行なわれるのかは過疎とも関係しているのだと気づかされた。農業の大規模化が標準的な農業とされることによって犠牲になるのは、広大な平地をとることのできない中山間地域なのだ。農業の工業化と風景、環境、過疎は密接に結びついているのである。

こうした大きな目で歴史を理解すると、過疎化を単純に工業の進展などによる都市への人口流出と捉えるのではなく、農業に効率化を求めた社会全体が引き起こした問題であると考えるのが妥当だと言えよう。中山間地域の過疎化の要因は、それらの場所が「がんばらなかったから」ではないことも見えてくる。現在の日本の地方創生では、過疎が生まれた背景には無関心で、各地域を応援することに注力している。しかし、過疎の理由が過去の歴史にあるとすれば、それを知らずに解決策を考えようとするのは無謀なのではないか、ということも考えるようになった。

社会・経済・環境の「幸せな統合」——イタリアにおける良好な風景の定義

つづいてワーキンググループの資料「風景―国家戦略計画起草へのテーマ別検討（Paesaggio）」について

見てみよう。これはＰＳＮの風景に関する記述のベースになっているため、重複する部分も多くある。ここでは注目すべき事項のうち、ＰＳＮに書かれていないものを取り上げたい。

一つ目に興味深かった点は「良質な風景」の定義である。「良質な風景とは、時間と場所における社会的、経済的、環境的要因の『幸せな統合』である」と書かれている。環境に即した農業の姿を美しいとする考え方は、日本の美の里プランでも言われている。しかしPaesaggioでは、農業は経済活動でもあるので農業が経済的に成り立つことも重要であると述べられているのだ。さらにはそうした環境的、経済的に持続可能な農業の営みがそこに住む人びとの暮らしの豊かさにつながること、それらを「幸せな統合」と表現している。

「幸せな統合」という表現は興味深い。単に、社会、経済、環境が折り合いをつけて統合するという意味ではなく、統合することによってプラスの価値を生み出すようなニュアンスが含まれているのではないだろうか。

Paesaggioには、「良好な風景」を定義し、定義に含まれる社会、経済、環境の要素とそこでの人間の活動を一つの計画に入れ込む戦略を立てることが必要であると書かれている。良好な風景を定義することはそれ単体ではほとんど何の意味ももたない。しかし定義することによって、どのような政策を立てるのが良いのかが見えてくる。

定義がなければそれぞれが目標とする事象の達成に気をとられてしまう。たとえば、農村の活性化を目標にすれば、農業の経済効率を高めることに注力する政策がつくられる。一方で、表層的な意味での風景の保全という目標のもとでは、経済性は度外視して保全に注力する政策がつくられる。

実際、日本では農業を効率化する政策がベースにあり、それゆえに棚田は「儲からない」ことになっている。棚田地域振興法は、棚田が儲からないことを前提として奉仕的活動で維持しようとする政策である。しかしこれでは持続的に棚田を守ることは難しい。

農業という経済活動、農村社会、農村環境はすべて、農村という一つの場所に存在するものであり、管轄する省庁が違うからといって別々に管理してよいものではない。「社会的、経済的、環境的要因の『幸せな統合』」という定義は、これらを統合的に扱うための基礎となるものであると言える。

経済、社会、環境という要素の状況は、農村空間という一つの場所に現われる。それらが統合的に空間として現われているのが「風景」なのである。本書では、Paesaggioの定義にならって、「風景をつくるごはん」の「風景」を、次のように定義したい。

「農村空間を構成する環境、社会、経済という要素を統合的に捉えたもの」

政策目標としての「良好な風景」が対象とするもの

Paesaggioで興味深かったのは、政策の対象に、人びとの価値観も含まれていることである。「土地に根差した農業がつくりだす風景は、他の地域ではマネをすることができないその土地ならではの風景であり、競争力になりうる」とし、政策としては、特産品と特徴ある風景の間にある相関を明らかにし、風景資源の保全と価値の再評価をすることが必要であると述べられている。

つまり、特産品の価値を、その産品単体で評価するのではなく、土地に根差した農業がつくりだしていることが価値として認識されるような政策をとるべきであるという意味である。土地に根差した農業がつくりだした産品が売れることは、経済と環境が両立する手段として欠かせない。それを実現するには、その価値を理解する人を育てる必要があるということだ。これは非常に重要な視点である。

地域を良くするものが売れるように、特産品と環境が結びついていることを評価しよう、その価値を消費者にも理解してもらおうとする考え方は、実はあまり日本にはない。たとえば、日本の六次産業化では、商品開発や販路の拡大に力が入れられている。消費者の評価基準は変わらないことを前提とし、そのうえで「売れるもの」をつくるという考え方をベースにしているように見える。同じ「付加価値をつけること」による競争力強化」でも背景にある理念が異なれば、実現するための手段も異なってくる。

人びとの価値判断は変えることができる、という考え方は、風景にも使われている。Paesaggioでは、「良好な風景」は時代によって変わると述べられている。どこまでも続くブドウ畑が評価されていた時代もあった。だが、そうしたフォトジェニックな風景は「土地の文脈と切り離されたエリート主義の現象」であると言い、「経済的発展や生活の質のために『風景』を扱うためには、過去の方針の見直しが必要である」と述べている。風景の評価軸もまた変えられることを前提としていて、農村の環境や社会、経済が良くなるような方向に「美しさ」をシフトすることを目指しているのである。

ここで「良好な風景」の指すものが、政策的な視点で語られていることに気づくだろうか。「良好な風景」は、私たちが思う「良好」なのではなく、農村の社会や経済、環境のために「政策として目指す風景」である。

仮に、「良いとされる風景」と「良いとされるべき風景」と言い分けてみたい。日本の景観法では「美しさ」「目指すべき風景」を地域ごとに決めることになっている。「良いとされる風景」はそのまま「良いとされるべき風景」になる。美の里プランでは、「良いとされる風景」を環境本位の評価軸で説明しているが、それをそのまま「良いとされるべき風景」と考えている。「良いとされる風景」と「良いとされるべき風景」を分けて考えていないという点では、景観法も美の里プランも同じである。しかし、いったん、それらが違うものであると考えれば、つぎにやることが見えてくる。環境本位で「良いとされる風景」を「良いとされるべき風景」とし、それを人本位でも良好であると思えるように、人びとの意識（主に環境意識）に働きかけるのである。Paesaggioでは、「良好な風景」を実現する対象は、物理的な空間をつくる農地や農業だけでなく、風景を享受する国民の意識も政策の対象となっていると言える。

本章の前半で述べた、「環境本位」での「美しい風景」を目標にして、それが「人本位」でも美しいとされる社会をつくるという考えは、このようなところからきている。そして、その実現は、社会のシステムを変えるという大きな目標と結びついているのである。

注

＊1　国土を美しく風格のあるものにしたい―竹歳誠・国土交通省都市・地域整備局長に聞く―、「建設オピニオン」、２００４年11月

＊2　European Counsil, "European Union strategic guidelines for rural development", 2006

第2章

EUの農業政策の転換と風景の保全・再生

EUは、いち早く環境農業政策を始めた。農村風景の保全も環境農業政策のなかで考えられている。棚田など地域の資源になる農村風景を特別に守るのではなく、そういうものが残っていくような農業を推進する政策。そのヒントを、EUの共通農業政策に見てみよう。

環境保全を目指すEU共通農業政策

EUの加盟国は、同じ政策のもと農業を行なっている。これを共通農業政策（Common Agricultural Policy: CAP）という。CAPは現在、環境、社会、経済の持続可能性を掲げ、農産物の生産だけでなく農村社会や農村風景の維持も対象としている。前章で紹介したイタリアのPSNは、そうした政策的背景をもっている。CAPは始まった当初から今のような目標を掲げていたわけではなく、そこにはいろいろな変遷があった。詳しい話に入るまえにCAPの開始から現在までの流れを簡単に説明しておこう。

１９５７年、フランス、西ドイツ、イタリア、オランダ、ベルギー、ルクセンブルクの6か国がローマ条約に調印して欧州経済共同体（ＥＥＣ）を創設した。現在のＥＵの経済部門の原形といえる。その後、１９６２年に市場統合に向けてＥＥＣが加盟国共通の農業政策を打ち出した。これがＣＡＰである。あとで詳しく説明するが、当初の政策は食料自給率を上げるために、多くの補助で農家を保護する方向であった。こうした政策は食料自給率の向上には役に立ったが、後に多額の財政支出を生み、また、環境破壊の原因にもなった。

そこで１９８５年に農業政策の方向性を環境保全の方向に転換することを宣言し、少しずつ改革を重ね、２００３年にはだいたい現在のかたちになった。現在のかたちというのは、農家が環境要件を守るのを条件として直接支払いを受けられる、クロス・コンプライアンスというかたちである。

そうした農産物の生産にかかわる政策以外に、風景や文化を主な対象とする農村に対する政策もそのころに確立した。１９８５年の宣言の段階ですでに農村の環境や風景も重要であると言われていたものの、なかなか正式な「政策」にまで格上げされなかった。何度か提言や宣言で農村環境に言及された後、１９９９年の改革で、農産物の生産と農村振興の2本立てでいくことが明言された。農業生産政策が第一の柱、農村の発展や環境にかかわる政策（農村振興政策）が第二の柱と位置づけられた。その後、２００５年には財源が確保され、２００７年から各国で農村振興のさまざまな事業が進められている。

２００３年以降もＣＡＰは改革を続けた。複雑な補助金のシステムを簡易にするなどの事務的なもののほか、環境政策としての側面が強化され、農業者が守るべき環境要件が年々厳しくなっていっている。また、２０００年代~２０１０年代中ごろまでは、環境に資する農業を、伝統的な農業のかたちにちかく、物質の投入が少ない「粗放的農業」とし、それを目指していたが、近年はもう少し多様な農業活動を政策に入れ込むようになってきている。

その理由は、植物工場や培養肉など新しい農業技術も農業政策に入れ込む必要が出てきたこと、新しく加盟した国のなかにはEUの想定する「粗放的農業」よりももう少し集約的に農業をする必要のある国があったことなどが理由にあげられる。ただ、「粗放的農業」というコンセプトを放棄したり否定したりしているわけではなく、土地を使う通常の農業では今でも基本的には「粗放的農業」が目指されている（「粗放的農業」という1つの指標で収まらなくなったというほうがわかりやすいかもしれない）。

近年の変化としては、農業政策で想定する目的に、気候変動抑制が明確に位置づけられたこともあげられる。2023年からは、第一の柱と第二の柱をより統合的に扱うかたちになった。CAPの目標がより環境に配慮し、小規模農家を支えるよう変化した結果、第一の柱と第二の柱が目指すところがより近づいてきたからである。環境、社会、経済が「幸せなかたち」で統合的に発展するよう発展させていくと、農業政策と農村政策を分けて考えられなくなるという一つの証左ではないだろうか。

こうした大きな流れを頭に入れたうえで、次節からはEUの共通農業政策と環境、風景についてもう少し詳しく説明してみよう。

農業政策が環境破壊や農村の格差を生んだ

前章で、インセンティブや補助金が原因で風景の破壊現象を加速させたとPSNに書かれていることを紹介した。農業が、やり方によっては環境破壊につながるというのは、日本ではまだあまり認識されていないかもしれない。しかし実際、イタリアに限らずEU全体で、初期のCAPが誘導した農業が環境破壊につながったと認識されている。

1962年、CAPが始まったころは食料自給率の向上を目指していた。そのため、農家所得を向上させて離農を防ぐことや、生産性を向上させて食料生産の増大をはかることが大きな目標とされ、保護的な農業政策が行なわれた。日本と同様、第二次世界大戦後の経済成長期で工業化が進展している時代でもあり、農家に工業並みの所得を補償することが離農を防ぎ、食料自給率を向上させる方法だったのである。

農家の所得を向上させるための手段として大きな役割を果たしたのが「価格支持政策」である。これは、価格を一定水準に維持（支持）するというものである。通常の自由な（政策的介入のない）取引では、物の価格は需要と供給のバランスによって決まる。需要が供給より多ければ価格は上がるし、反対に供給が需要よりも多ければ価格は下がる。そうした自然な状態に対し、価格支持政策では、「この価格よりは低くしない」という最低価格を決めておく。これを「介入価格」と呼ぶ。取引において介入価格より下がりそうになるとEECが公的な買い入れをして価格が下がらないようにするのである。この価格支持政策は小麦や畜産、酪農などいろいろなものに適用された。

この政策を導入した結果、約10年で食料自給率は目標を達成し、その点では政策は成功したと言える。しかし、同時に大きな問題も生じた。環境破壊と財政圧迫、農業者間の格差である。

まず、環境破壊についてみてみよう。価格支持政策のもとでは、農家はより生産性を高める方向に農業を変化させる。なぜならつくればつくるほどたくさんの補助金を受け取ることができるからである。

価格に介入が入らない状態では、つくりすぎれば価格が下がってしまう。そのため、農家は需要を勘案して生産量を調整する。しかし介入価格よりも下がらないことがわかっていれば、農家はより多くつくることが目標になる。多くつくっても価格は下がらないし、買ってもらえる。しかも、市場価格と介入価格の差額を、生産量に応じて受け取ることができるのである。

収量を増やすといっても、農場の面積を拡張するのは簡単ではない。農家は肥料を投入したり収量の多い改良された品種に切り替えたり、あるいは家畜の生産では、面積当たりの飼育頭数を増やすなどして生産量を増やすことを目指した。

こうして単位面積当たりの生産量を上げるために「集約的農業」にシフトしていったのである。肥料の多投入で地下水の汚染が起こり、死亡する乳児が出たり、家畜の採餌と草地の回復のバランスが崩れて裸地が広がり土壌の流出が起こったり、目に見えるかたちで被害が出た。[*1]

収量を増やそうという集約的農業は、そのほか、さまざまな影響をもたらした。たとえば、収量の多い品種の開発と普及は、各地域で代々育てられ、それぞれの地域の気候風土に合う品種になっていた、いわゆる「伝統種」を激減させた。緩やかな丘陵地にあった段畑は、トラクターが使いやすいよう石積みがこわされ、大きな1枚の畑に転換された。土地の向きや水分量に応じてさまざまに使い分けられていた農地は、単一栽培の普及で、このような伝統的なモザイク状の土地利用がなくなった。また、農地の合間にあった樹木が切り倒され小鳥のねぐらがなくなった。こうした変化があったことは、イタリアのいろいろなところで耳にした。

このように、限られた土地で収量を増やそうとした結果、それぞれの土地の生物多様性の減少、伝統種がなくなるという遺伝子的な意味での生物多様性の減少、石積みなどの歴史的な遺構の消滅、伝統的な土地利用、それがもたらす風景の消滅という弊害をもたらしたのである。

つぎに、財政圧迫の話である。すでに見てきたように、価格支持政策は生産を刺激する機能をもっていた。そのため、当初の「自給率を上げる」という目標を越えて、余剰食料の問題が出てきた。余剰食料が出れば、当然ＥＥＣが余剰分を買い上げる必要が出てくる。そのための費用に加え、買い上げた小麦やバターを保管する費用も必要であった。余剰食料を域外に輸出するために、域外の安い価格に調整するための補助金も必要となった。こうして、価格支持政策は農家への支出以外にも多大な財政支出を伴うことになったのである。これはその後、農業政策を改革するための動機としても大きかった。

三つ目は農業者間の格差である。価格支持政策では生産量に応じて補助金がもらえる仕組みだが、その仕組みでは、効率化しやすい大規模農家のほうが有利である。そのため、価格支持政策では結果的に平地など大規模化に向いている農業の優遇につながった。こうして平地の大規模農家と大規模化が難しい中山間地域の農家の間に格差が生じることになった。それは中山間地域の過疎化を引き起こすことになった。

ちなみにＥＵではこの経験があるためか、農業政策の政策評価を行なうさいには、大規模農家の優遇につながっていないかなどの視点が重要視されている。[*2] また２０２３年からのＣＡＰでは、小規模農家をより優遇する政策が取り入れられている。

環境保全型農業への試行錯誤

価格支持政策がさまざまな弊害を生んでいることは、１９７０年代には認識されるようになり、ＥＣ委員会（ＥＵの前身組織）は１９８５年に通称「グリーン・ペーパー」と呼ばれる「共通農業政策の展望」を発表した。そのなかでＣＡＰが生産を重視してきたことによって環境や農村社会に問題が起こっていることを認め、農業政策を環境保全型に方針転換すること、農村におけるコミュニティ、農村の自然環境、伝統的に形づくられてきた農村風景を守ることが重要であることを述べた。そしてその方法としてアメリカのような大規模化ではなく家族経営の農業を基本に据えることも明言した。*3

しかしながら、いきなり価格支持政策をやめてしまえば農家は立ち行かなくなり離農者が増えるだけである。したがって方針転換したとはいえ、具体的な補助金の配分システムはほぼそのままであった。最初の段階ではまず、付加的な補助施策として「環境保全」を取り入れた。

1985年には、環境配慮地域政策を導入した。環境的に価値が高い場所を選び出し、その環境を守るにふさわしい農法での農業を推進できるようにしたのである。たとえばイギリスでは無機質肥料や農薬の禁止などの農法に関すること、生垣や樹木の維持など地域の景観や生物の生息地に関する要件を定めることから始めた。*4

農家はこの要件を遵守する代わりに交付金を受け取ることができたが、農家がこのシステムに参加するかどうか農家は選択することが可能だった。そのため、絶対量としての環境改善の効果はあまり大きくなかった。ただ、それまでは農地に対する環境政策であっても環境省の所管で行なわれていたものが、農業政策として行なわれた点では大きな転換であった。以前は農業を保護する考え方が強かったために、守るべき環境がある農地であっても、農家に比較的自由な農業活動を認めたうえで、環境破壊的な行為のみ禁止するという消極的なものであった。それに対しこの政策では、農法に踏み込んで環境要件をつくることができたのである。

1988年には休耕に対して補償をつけることにした。主な目的は生産抑制と財政支出の抑制であった。ただし、どの土地を休耕するかは農業者に任せられていた。そのため農家は、もともと気候や地質、水などの条件が悪く不利な地域を休耕地として申請し、それで得た補償金で自分の他の農地を改良し生産性を向上させるという方法をとった。

そのため、休耕で自然が回復する農地が生まれた一方、別の農地では集約的な農業が進むという「二極化」が起こった。新たに導入した政策がもたらす影響について研究する専門家たちの成果によって、1990年代初頭にはこれらの問題は政策上の欠陥として指摘された。[*5]

少し話の本筋とはずれるが、1988年に始められた政策の弊害がはやくも1990年代の初頭に指摘されているのは興味深い。現在でもEUでは、定期的にLUCAS（Land Use and Land Cover Survey）という調査を行ない、土地利用や風景の変化をモニタリングしたり、政策がかえって手続きの複雑さを生んでいないか[*6]など、ハード、ソフトの両面から政策評価を行なっている。

ベースの農業政策と保護政策の矛盾

実は先に紹介した環境配慮地域政策でも、二極化の問題は指摘されていた。[*7] ここで、二極化の問題についてもう少し考えてみよう。

二極化は、ベースになる農業政策が経済性・効率性を重視している状況下で、一部の農地を選んで環境保全をするという構造からきている。この構造は、保護対象の場所とそれ以外の場所でそれぞれ目指す方向が逆になっているということもできる。

それでは両者が同じ方向を目指している場合はどうだろうか。農業政策の基調を環境保全においたうえで、より貴重な環境がある地域が保全地域となる場合、保全対象の農地は、「一般の（つまり、環境保全を指向する）農地」の典型例、代表例として位置づけられる。この場合は二極化は起こらない。

つまり、基本的な農業政策を変えずに一部だけを保全すればよいというものではないのである。

この「方向性の違い」は、二極化以外の課題も抱えている。保全地域になってその地域の自然環境に配慮した生産を行なえば、生産性が下がるのは避けられない。もちろん、そうした環境に配慮した産品が高い価格で売れれば「生産性が下がった」と言い切ることはできない。しかし経済性重視がベースにある社会ではそれもあまり期待できないため、ここでは単純に収量の問題として考える。

そうなると政府は保全地域以外の農地の水準に合わせて、保全地域になったことで生まれた損失を農家に補償する必要が出てくる。しかし財政支出の総量には限界があることを考えると、保全地域を拡大することが非常に難しくなるのである。

1章で環境、社会、経済の幸せな統合という話をしたが、経済性を追求する農地、環境を担う農地、と分けてしまっては幸せな統合とは言えない。保全地域を経済の循環から切り離して保全に注力するなら、コストがかかるだけの土地になってしまう（これはコストセンターと呼ばれる）。限られた土地、たとえば文化財である重要文化的景観としてならそういう場所があってもよいが、それを拡大するのは難しい。したがって、環境に即した農業を行なう地域を増やしていこうとすれば、環境に配慮した農業を経済の循環のなかに組み込まれなければいけないことがわかる。

これは日本の棚田にも当てはまると考えている。たとえば現在、棚田については棚田地域振興法が出来ている。法第一条の目的によると「棚田地域における人口の減少、高齢化の進展等により棚田が荒廃の危機に直面していることに鑑み」棚田の振興をはかるといわれている。そのためにいろいろな財政支援や外部の人がかかわれるような仕組みがつくられている。少しうがった見方に見えるかもしれないが、経済的に農業が持続できなくなっている状態を放置したまま、棚田という物理的環境を守ろうとしていると理解できる。

これでは棚田はいつまでたってもコストセンターでしかない。財政的な支援、あるいは地域の人びとの奉仕的な活動によってしか維持できないことになってしまう。棚田が棚田として守られながら経済的にも持続可能な状態をつくることを目指すのが本来の姿ではないだろうか。そしてそれは、棚田のためだけの農業政策をつくるという意味ではなく、平地も含めた農業政策が、棚田を耕作放棄に「押しやらない」ようにするという意味である。

デカップリングとクロス・コンプライアンス

CAPの改革に話を戻そう。1992年には、価格支持政策での補助枠を減少させ、それで浮いた予算を直接支払いに置き換えることにした。1992年には、価格を引き下げることになった要因は、貿易の自由化を目指すGATT・ウルグアイラウンドである。EU圏内の価格を高く維持するには域外からの農産物に高い関税をかける必要があるが、GATT・ウルグアイラウンドが1994年に最終合意に至る過程で、介入価格を引き下げる必要が出てきたのである。

1992年の改革では、そのほかの直接支払いとして、青年農業者や早期離農者に対するもの、環境保護、農地の休耕、条件不利地に対するものなどが用意され、多方面から農業を改善しようとした。

続く1999年の改革「アジェンダ2000」では、価格支持政策のさらなる減少を行なった。農業者への補助の半分が直接支払いに振り替えられたが、この直接支払いの受け取りに環境保全の要件をつけるかどうか、国ごとに選択できる規定も盛り込まれた。EUは、域外との関係のなかで、自発的ではなかったにしろ価格支持政策を減少させたが、このことを契機に、環境要件を用意し、環境保全型農業へとシフトしたと言える。

2003年にEUはフィシュラー改革という大きな改革を行ない、これによってほぼ現在のかたちができた。直接支払いの受領に環境要件をつけることをクロス・コンプライアンスというが、これが1999年の国ごとの選択制から、すべての加盟国の義務になった。また、価格支持政策を限定的にして、基本的には農場ごとの直接支払いに切り替えられた。生産と結びついていた補助金は、農家が集約的農業を進める動機となっていたが、これを切り離したのである。生産と補助金を切り離すという意味で、これをデカップリングという。

1990年代初頭、いろいろな環境保全団体はデカップリングとクロス・コンプライアンスは、環境保全型農業を進めるうえでの条件であると主張していたが、[*8]それが実現したのである。1985年の改革スタート時、農業者には自由な農業活動が認められていたため、環境要件を設けることには農業者団体から反対もあったし、補助金を増やす手立てを失うことになるデカップリングにも反対は根強かったそうだ。農業者団体が自ら、厳しくなりすぎない程度で環境に配慮しているように見えるルールを設定するな[*9]ど、攻防もありつつ改革が進められた。[*10]

農家が守る環境要件

では、農家が守るべき環境要件とはどんなものだろうか。環境要件には「法定管理事項（SMR）」と「適正農業環境条件（GAECs）」がある。SMRは直接支払いを受けるかどうかにかかわらずすべての農家が守らなければいけない内容である。具体的には、食品の安全、動植物の健康、動物福祉、野鳥の保護、野生動物の生息地と保護などに関する13の指令や規則からなっている。

食品の安全については日本も厳しく管理されているが、動物の福祉についてはかなり状況が違うと感じているので、少し説明しておきたい。何年か前にファミリーレストランやコンビニでフォアグラを出すことについて議論が起こったのを覚えているだろうか。

フォアグラはアヒルやガチョウに強制的に餌をやり肝臓を肥大させてつくる。そのため、動物の福祉に反しているというのが最近の世界的な考え方である。CAPでも全面禁止の方向であったが、フランスなどでは文化として定着しているため、生産の管理や生産量を調整したうえで存続できることになった。つまり、文化を存続させるために高級品としてなら許されるという状況である。

そういう位置づけにあるものを安価で手に入る料理としてファミレスやコンビニで提供してよいのかというのがそのとき議論が起こったきっかけであった。しかしネットでの議論を見ていると制限するのはおかしいという声も多かった。動物の痛みについて考えはじめたら何も食べられないという極端な思考のほか、食べたいものを食べることの何がおかしいのかという意見も多かった。これらは、食を個人で完結する行為であると捉えているということではないだろうか。しかし食は、生産現場とつながっている。個人的な行為であると同時に、社会的な行為でもあるのだ。

話を環境要件に戻すと、もう一つのGAECsは直接支払いを受ける農家にのみ遵守が義務づけられる要件である。違反した場合は厳しい罰則も用意されている。なおEUでは、2017年5月の段階で90%の農地がクロス・コンプライアンスによる直接支払いを受けており[*11]、農業における環境管理政策として実効性の高いものとなっていると言えよう。

具体的な要件の中身についてみてみると、表2−1のとおりとなっている。大きく分けると、水に関すること、土に関すること、風景や農地以外の環境に関することに分けることができる。こうした基本はEUが決めている。そのうえで、各加盟国がその国の実情に応じて、守るべき具体的なレベルをEUの定める最低限度を下回らない範囲で、規定することになっている。

どのような要件があるのか、いくつかみてみよう。水辺と農地の間に緩衝地帯を設けるという規定は、水辺は特に多様な生物の生息地であることから重要視されている。また、これらと並んで特徴的な風景を構成する要素を残すこと［写真2-1］、野鳥の繁殖期に生垣や木の剪定を禁止することなど、かなり細かいが興味深い環境要件が並んでいる。

より環境に配慮した農業政策へ

2003年にCAPの環境農業政策はほぼ今のかたちになったが、2015年に新たな改革が行なわれた。環境に対する貢献をした農家に払われる「グリーニング支払い」である。加盟国はそれまでの直接支払いの30%を「グリーニング支払い」に充てることが義務づけられた。財政支出はそのままに、環境基準を厳しくしたことを意味する。小規模農家や有機栽培をしている農家は免除されたが、一定規模以上の農地をもつ農家に対しては義務となった。

グリーニング支払いには「作物の多様化」「永年草地の保全」「環境保全用地の確保」の三つがある。「作物の多様化」は、10haを超える農場では2作物以上、30haを超える農地をもつ農家は3作物以上をつくる必要がある。主要作物は農地の75%まで、2つ目の作物で95%までで、最低5%は3作物目をつくることが求められる。集約的農業のもと行なわれるようになった単一栽培が生態系を脆弱にしてきたという

表2－1 ｜ 適正農業環境条件（Good Agricultural and Enviromental Conditions: GAECs）

	水に関すること
1	水辺と農地の間に緩衝地帯を設けること
2	灌漑用水の使用に認可が必要な場合は認可手続きをすること
3	地下水の汚染を防止するため、直接および間接的な地下水への汚染物質の流出禁止
	土と炭素固定
4	土壌被覆の最低限度
5	土壌浸食を防止するための場所に応じた管理の最低限度
6	切り株の野焼き禁止など、土壌有機物の適切な管理
	風景、最低限の管理
7	生垣、池、水路、列状および島状の木々、畔、段畑などの景観的特徴の保持、鳥の繁殖期の生垣や木の剪定禁止、侵入植物を回避するための対策

写真2－1 ｜ 農地を区切る列状の樹木がある風景

表2－2｜環境保全用地のリスト

a. 休耕地
b. 段畑
c. 景観の特徴保持 ―― 景観の特徴とは
  - 生垣
  - 木の柵
  - 孤立・列・塊の樹木
  - 畑の雑木林
  - 畑の縁
  - 池
  - 用水路
  - 伝統的な石垣
  - その他
d. 緩衝地帯
e. 樹間での放牧
f. 森林沿いの適切な縁
g. 活用されている雑木林
h. 森林化
i. 間作か地被植栽
j. 窒素固定植物の植栽

認識のもと、より回復力のある生態系を確保するために決められた。

「永年草地の保全」は、国レベル、地域レベルで保全する草原の地域が指定され、そこに指定されると耕作したり改造したりすることができなくなるというものである。

「環境保全用地（ecological focus area）の確保」は、15haを超える農地をもつ農家は、最低5％を環境保全用地とする必要があるというものである。何を環境保全用地とするかはＣＡＰで定められるリスト［表2-2］のなかから各国が選択し決めることとなっている。

　このリストを見ると、野生動物の生息地や景観的特徴の保護、あるいは単一的な土地利用を避ける目的があることがわかる。景観的特徴のなかには伝統的な石垣も入っており、これらを残すことによって、グリーニング支払いの要件を満たすことができるのである。なお、景観の特徴というと、伝統的な風景を残すためと考えがちである。私もそう思っていたが、生垣や畑の雑木林、石垣などが小動物の棲み処になることが多いというのも景観的特徴を維持する目的として考えられているようだ。[*12] 序章でも、ＡＬＰＴＥ

Rプロジェクトやヴィヴィアーナのブドウ畑の樹木の研究を紹介したように、伝統的な農業技術と環境問題がつながっていること、その発露として景観的特徴があるというのは、EU圏内ではかなり普及している考え方である。

一方で、日本では、農林水産省の災害復旧の補助金で棚田の修復をしようとすると「構造計算ができているものにしか補助できない」との理由で、伝統的な石垣はコンクリートに変わっていく現状がある（8章参照）。CAPのもとではこれらを残すことが推奨されているのである。石垣に強度のみを見ているか、環境的側面を見ているかの違いであろう。

農村振興政策も環境、社会、経済の統合

前章でも紹介したようにCAPでは、農業生産に対する政策のほか、農村に対する政策も行なわれている。農村振興政策（Rural Development Policy）は1999年に、農業生産である第一の柱に対し、第二の柱として正式にCAPに位置づけられた。2005年には基金が用意され、2007年から運用が始まった。これまで見てきたクロス・コンプライアンスの環境要件やグリーニングは、第一の柱に位置づけられる政策である。

第二の柱では、「農林業の競争力強化」「農村地域における環境と空間の改善」「農村部における生活の質向上と農村経済の多様化」の三テーマを基本とし、その実施のための「LEADERアプローチ」と呼ばれる住民からのボトムアップ方式を入れて四つの柱が定められた。現在は二つ目が「天然資源の持続可能な管理と気候変動対策」に置き換わっている。

第一期の後、２０１４年から２０２０年までが第二期、２０２１年から２０２７年が第三期である。第一期には９６０億ユーロ、第二期には１０００億ユーロ、第三期には９５５億ユーロが割り当てられている。

ＥＵの基金から補助を受けるには、提案する事業が、次にあげる六つのＥＵ共通優先事項のうち少なくとも四つを満たしている必要がある。これを見ると競争力強化の項目以外は文化、環境、社会に資するもので、競争力を強化すればそれでよいと考えられているわけではないことがわかる。

・農業や林業、農村の知識の継承、革新
・農業の競争力向上、農業技術の革新と持続可能な林業の推進
・農業におけるフードチェーンと動物の健康、リスクマネージメントの推進
・農業や林業と関連するエコシステムの修復、保全、強化
・農業、食料、林業の分野において省資源の推進と低炭素および気候変動の抑制に資する経済への貢献
・農村部における共生社会や貧困の解消、経済的発展の推進

具体的にどのようなものに使われているかというと、私が見たところでいうと、段畑の石積みの修復や伝統的な石造りの農家の修復、農村部の廃線跡をサイクリングロードにすることなど、農業に限らないさまざまなものに使われているようだ［写真２－２、写真２－３］。私が見学した農家の修復現場には、Programma di Sviluppo Ruraleと書かれた看板が掲げられていた。イタリア語で農村振興事業のことである。

写真2−2 ｜ 農村振興事業で修復中の石造りの建物
農家と倉庫を修復していたが、写真は倉庫のほう

写真2−3 ｜ 修復中の建物に貼ってあった、農村振興事業であることを示す看板

六次産業化に環境の視点を入れる

ここで、もう少し農業に寄った農村振興政策による事業の紹介をしよう。北イタリアにあるトウモロコシの製粉工場である。

北イタリアでは伝統的にトウモロコシの粉を粥状に煮たポレンタがよく食べられる。私が見学に行ったオッソラ地方でも伝統的にポレンタをよく食べる。しかし、近代化の過程で地元に製粉する施設がなくなったという。そのため、地域で生産したトウモロコシは大企業の製粉工場に原料として出荷するしかな

かった。しかし、大手製粉工場に買い上げられたトウモロコシは、他の地域のトウモロコシと一緒に製粉され、地域色のない安価な製品としてスーパーなどの量販店で販売されることになる。

2017年に訪問した小さな製粉工場は、自分たちの地域の商品をつくりたいと地域がグループをつくり、建設された工場であった[写真2－4]。工場をつくるにあたって、農村振興政策の基金を活用したそうである。事業を起こしたグループには生産者や製造者、地域の販売者なども入っており、このように多様な立場の人びとが入ることも補助を受けやすくなるポイントだそうだ。

また、単に地域内で製粉するだけでなく、使用するトウモロコシも事業計画に入れられていた。事業応

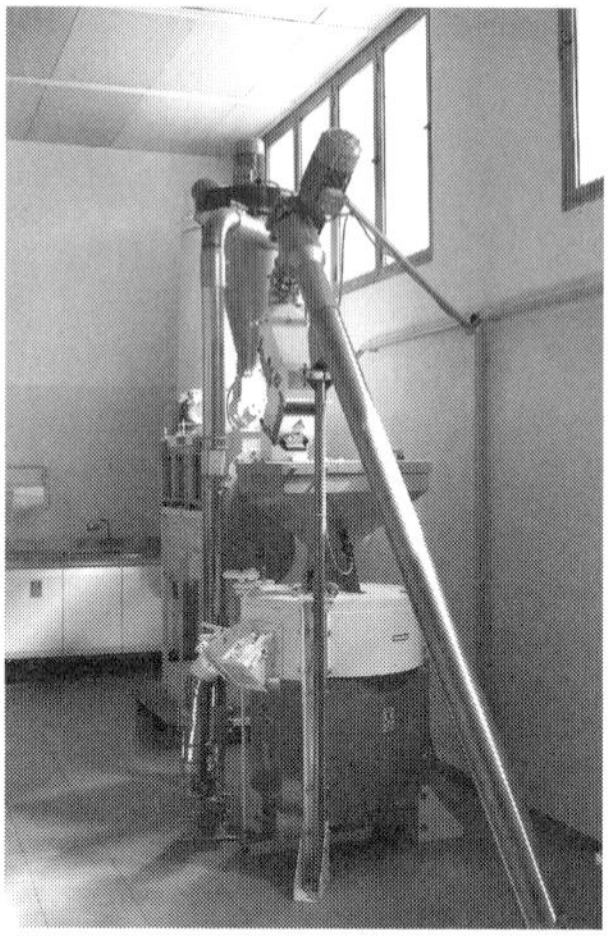

写真2－4 ｜ 製粉工場の様子

写真2－5 ｜ 地域に合うものを選定した固定種のトウモロコシ

募前に固定種のトウモロコシ13種を植えて生育状況を確認し、その地域の環境に合う3種類を使用することにしたという［写真2－5］。こうすることによって栽培時の農薬の使用量を減らすことを意図したそうである。これも、農村振興事業の条件に合わせるための対応である。粉になったトウモロコシは、ほぼ地域内のレストランや小売店に卸されているそうだ。

こうしてみてみると、同じ六次産業化でも日本のそれとは大きく異なることがわかる。詳しくは9章で説明するが、日本の六次産業化の事業には、環境という視点は無く、地域の農産物を売ること、そのために消費者のニーズの調査をしたり、販路を拡大するためのアドバイザーを付けられたり、そのような「儲ける」ための手段にお金が出る仕組みである。それはマーケティングが上手くいけば、生産量を増やすために地域の環境を犠牲にすることにもなりかねない。

もちろん、環境に良い農業でつくった農産物を六次産品にしている地域もあるだろう。しかし、環境に良い生産方法を選ぶかどうかは地域ごとに委ねられている。制度が方向づけているのはあくまでも「売ること」だ。

地域の環境に負荷をかけながら都会の人の好みに合わせたものを売る状態を、私は「鶴の恩返し」と重ねている。鶴の恩返しでは、自分の羽をむしって美しい反物を隠れてつくる。この様子が、都会の人に「美味しいもの」を食べてもらうために、自分たちの環境を犠牲にしている姿と重なって見えるのである。ただ、鶴の恩返しでは助けてもらった恩を返すためであったが、農村の人びとは、都会の消費者に対して恩がないのが全く違うところだ。都会の消費者に選んでもらうために、環境を犠牲にしてしまう危険をはらんでいる政策には、大きな問題があると思う。

生産と消費を統合的に考えた政策へ

第二の柱、つまり農村振興政策では、先述した六次産業化の事業以外にも段畑の石積み擁壁の修復や、農産物の認証制度への申請、農家建築のリノベーション、農村観光の準備など、幅広い事業に使うことができる。

一方で、先に見たように第一の柱もグリーニングなど環境要件を厳しくすることで農村の風景や経済に資する内容が増えてきた。これによって、第一の柱と第二の柱の区別があいまいになってきた。2023年からの改革では、各国が第一の柱と第二の柱を統合したかたちのCAP戦略計画を策定することとなった。環境保全型農業を突き詰めていくと、農産物の生産と農村政策が目標とするところが近づいてくるのだなと感じている。

農産物の生産、それによってつくられる、あるいは保全される環境や風景、それが資源となって観光客を呼ぶ。地域性のある食も当然、観光資源になる。そうなると、農村の職業も多様化する。農業だけでなく、宿泊業や商店、石積みなどの伝統的技術も職業になる。そうなれば農村社会に多様性が生まれ、それは住む人にとっても豊かさの一つになるのではないだろうか（ちょっとしたお祝いで、近くに晩ごはんを食べに出かけて行く場所があるだけでも素敵なことだ）。

すべてはつながっているのである。

近年のCAPの変化としては、気候変動の抑制など、保全すべき環境の範囲を広げたこともあげられる。2023年からのCAPでは、直接支払いの35％以上を環境関連に充てること、農村振興予算の35％以上を環境、気候、動物福祉に関する活動に費やすこととされている。

また、加工や流通までも含んだFarm to Fork戦略と連動させ、農業政策と消費の変革を連動させることでその実効性を高めようとしている。Farm to Fork戦略は気候変動の抑制を経済政策の要にする欧州グリーディール政策の中心的政策として２０２０年に発表されたものである。

生産だけでなく、流通、消費までを見据えたフードシステム全体を対象とすること、持続可能な環境・社会を実現するフードシステムに移行することを目指している。そのために、人びとの食生活の変化を促すことによってそれを達成しようとしている。それは、単に人びとの価値観を変えましょうという以外に、環境に配慮したものを人びとの手に入りやすい状態にするというところまでも見据えている。

現在、有機野菜のほうが少し割高であることは当たり前のように考えられている。もちろん、その分の手間がかかるので当然なのだが、Farm to Forkでは、限られた人しか環境に良い行動ができないことを問題視しているのである。また逆に、牛肉など環境に負荷をかける食品を宣伝し、あるいは安売りするなどして購買意欲を高めることに対しても否定的である。

農業者の努力や善意の消費者によって良いものを「流通させる」のではなく、流通や加工、食品基準なども含めたフードシステム全体で、環境に負荷をかけないものを消費しやすい社会をつくっていこうとしているのである。こうして社会全体を持続可能な仕組みに変えていくことを「公正な移行（Just Transition）」と呼んでいる。

私は「風景をつくるごはん」として、農産物＝食をとおして都市と農村の関係を結び直すことを考えてきた。その視点から見て、現在のＣＡＰが消費構造も含めた「公正な移行」の一部に位置づけられている点は、とても重要だと思っている。

注

＊1 福士正博、『環境保護とイギリス農業』、日本経済評論社、１９９５、西尾道徳、『農業と環境汚染』、農山漁村文化協会、２００５など

＊2 たとえば欧州議会の農業・農村開発委員会の要請により行なわれた研究 The Future of the European Farming Model, 2022 など

＊3 European Commission, “Perspectives for the Common Agricultural Policy”, 1985

＊4 福士正博、『環境保護とイギリス農業』、日本経済評論社、１９９５

＊5 福士正博、『環境保護とイギリス農業』、日本経済評論社、１９９５

＊6 “Evaluation of the impact of the CAP on generational renewal, local development and jobs in rural areas”, European comission staff document, 2021

＊7 福士正博、『環境保護とイギリス農業』、日本経済評論社、１９９５

＊8 福士正博、『環境保護とイギリス農業』、日本経済評論社、１９９５

＊9 福士正博、『環境保護とイギリス農業』、日本経済評論社、１９９５

＊10 なお今でもＥＵ主導の管理主義的なやり方に反対が無いわけではない。資本主義における経済活動のなかで将来の持続可能な社会を目指すため、ＣＡＰでは資本主義に修正を加えているわけだが、そのさいに生じる不可避の衝突であるとみることもできるのではないだろうか。

＊11 European Commission, “DIRECT PAYMENTS FOR FARMERS 2015-2020”, 2017

＊12 たとえばＥＵの研究機関の報告書 “Classification and quantification of landscape features in agricultural landa across the EU”, 2022 など

第3章

食と農と観光を結びつける仕組み

地域の個性ある食、食のつくる風景が観光資源になる。あるいは、観光が地域の農業を育てる。しかし、ただ「名物」をつくればよいのではない。食と風景、観光が良い循環を生むための土俵づくりについて考えてみよう。

地域と結びついた食は消えかけているのか

私が大学院で行なっている授業では、風景を切口に、農業と環境、農産物の消費、食を通じてつながる都市と農村について広く講義している。しかし、学生のほとんどは土木、建築系で、食の話は専門外である。そのため、食について関心が薄い。また、都会生まれ都会育ちの学生も多く、食をつくっている農村についてもあまりイメージが湧かないらしい。というわけで、まずは農業がそれぞれの土地の風景とつながっていること、自分たちにも関係のあることだと理解してもらうために、授業の最初の回で、食と土地を関係づけるグループワークを行なっている。

お題は二つあって、最初のお題は「旅行先での食の思い出」を語ってもらうもの。グループワークをしてみると、普段は食に関心がなくとも、多くの学生は旅先での食には何らかの思い出があるようだ。それを受けて、二つ目のお題では「どうしてそれぞれの土地の特産品が生まれたのか」について、考えを出し合ってもらう。これはたとえば水や傾斜、あるいは気温が上がりにくいなどの問題で田んぼをつくりにくかった山間部ではソバが特産品になったとか、海岸沿いなど日当たりの良い斜面地では柑橘栽培が広がったとか、食と土地の結びつきに思い至ってほしいという狙いがある。

この目論見がうまくいくこともあるのだが、ある年の講義では、特産品が生まれた理由について、「地域を盛り上げようと思ったから」「まちづくりのため」という人工的な特産品の話しか出てこなかった。私のシナリオと違うので少々焦った。「地域の環境がつくる食」そのものが絶滅しかけている、あるいはそのような特産品があったとしても、地域の環境との結びつきをアピールしていないということなのだろう。講義ではそうコメントして何とか「食と土地の関係」に話を持っていき、事なきを得た。

地域に根差した食は、観光資源としてどのように捉えられているのだろうか。２０１７年にＪＴＢが行なった調査[*1]によると、国内旅行で何をテーマにするかという質問では、第一位の温泉（64・4%）に次いで、食・グルメが55%で第二位である（三つまで選択可の質問）。旅先でこだわりをもって食べているものについての複数回答可の質問では、「料理」という括りでの質問では地元グルメなどの名物料理が60・0%、訪問する土地の郷土料理が54・5%で一位、二位を占めている。「食材や調理法」という括りでは、地元の食材を使った料理が41・7%で一位である。

もう少し詳しくみてみると「地元グルメなどの名物料理」では若年層で比較的割合が高いのに対し、

「地元の食材を使った料理」では高齢者のほうが割合が高い。このことから、若者にとっては観光対象となるようなローカルフードは、必ずしも「地域でとれた食材」を意味しないのではと考えられる。授業で出てきた回答とも一致する。しかし、食が旅の醍醐味であることは確かなようなので、地域に根差した食を活用すれば、農村の環境、社会、経済がうまく回る方法が見つけられそうである。

イタリアの多様な食と風景が観光になる

私の手元に、イタリアで買ってきた「100の味のお祭り」というガイドブック[*2]がある。イタリアの北から南まで、食べ物のお祭りやイベントが100個掲載されている。それぞれのお祭りで核になる食べ物は、チーズやハム、サラミなどの加工品のほか、野菜や豆、果物、栗やナッツ類などの一次産品など多岐にわたる。収穫期などに合わせて週末にお祭りが行なわれたり、旬の時期に街の飲食店でそれらがメニューに登場したりするイベントが行なわれる。

たとえば、日本でも知られているヌテラという商品がある。ヘーゼルナッツのスプレッドで、パンに塗って食べるものである。ヌテラはイタリアの国民食ともいえるが、これをつくっているのはピエモンテ州の南部にあるアルバで生まれた会社である。ピエモンテの南部はヘーゼルナッツの産地で、ヌテラ以外にも、地場の小さな会社がいろいろなヘーゼルナッツの商品を生産、販売している。

本に掲載されているのは、アルバの近くのコルテミリアという町のヘーゼルナッツのお祭りである。このお祭りはすでに70年ちかく続いていて、ヘーゼルナッツの収穫期に合わせた8月の第三週末に行なわれる。文化会合や書籍の発表、演劇、コンサート、ピエモンテの伝統食とワインを楽しむイベントなど、多様な催しがある。ヘーゼルナッツに限らず、多様な人びとを巻き込みながら祭りを行なうことで、農業や地域の手工業、観光という地域経済を統合的に発展させることを目指しているそうだ。

こうしたお祭りが100個集まることそのものが食の多様性を表わしていて驚きであるが、それが観光ガイドブックになって売られているのは、やはり地域外からでもそこに行きたいという需要があるからだろう。巻末には索引代わりに、春から冬まで100の祭りが並べられているページがあり、「この週末はどんな祭りがあるかな」と思い立ったときに調べられるようになっている。

お祭りの核となるチーズやハム、サラミなどの加工品は、それぞれの地域で継承されてきた伝統的な製法によるもので、他の地域の製品とは異なっている。そのほかの一次産品は、一般に普及している品種ではなく、その地域で長く栽培されてきた伝統種であるとガイドブックに明記されていることも多い。また、加工品も一次産品も4章で説明する地理的表示の認証を得ているものがほとんどで、その土地に根付いていることが第三者に保証されている。しかし、地理的表示を得たからブランド化して祭りが始まったのではなく、祭りのほうが古いことが多いようだ。もともと地域で大事にされてきた食が、後に認証を得たと言ったほうがよいだろう。

このガイドブックに載っているのは、町の中心部で行なわれる祭りであるが、生産地を回るツアーもある。2015年にイタリアで食の万博が開かれていたとき、ワインのブドウ畑とワイナリーをめぐるツアーに参加したことがある。ブドウ畑や、2か所のワイナリーで製造過程を見学、試飲したり、お昼にはレストランで郷土料理を食べたりした［写真3－1、写真3－2］。ちなみに参加費は10時から18時くらいのツアーで1万4000円くらいであった。しっかりと価値のある商品として成立しているのだなと感じた。

写真3−1 ｜ ワインの試飲／おつまみもしっかりと出してもらえた
ワイナリーでは、製法についてかなり詳しく説明を聞けた

写真3−2 ｜ ワイナリーの様子／ワインをつくっている蔵のほか、
ワイナリーのロビーには昔の道具も展示してあった

ワインを飲みながらブドウ畑を歩くイベント、マンジャロンガ

もう一つ、私が体験した食と風景をめぐる観光について話をしたい。イタリアの北西部にランガ地方というところがある。緩やかな起伏が続く丘陵地帯にワイン用のブドウ畑が広がる、ワインの産地である（ブドウ畑が増えて、単一栽培になりつつあるのは気がかりだが）。日本でも有名なバローロというワインのほか、甘いワインであるモスカート・ダスティなど、いくつか有名なワインをつくっている。そこにラ・モッラという小さな町がある。ここで1986年から続いているイベントがマンジャロンガである。コンパクトにまとまった町の周囲に広がるブドウ畑の中を4㎞歩いて散策しながら、ところどころに設けられたチェックポイントで、郷土料理と地域のワインがふるまわれるというイベントである［写真3―3］。

人気があるので事前の予約が必要なのだが、当日受付に行くと、ワイングラスとそれを入れるポーチが渡される。ワイングラスの入ったポーチを首にかけて、町の中心の広場をスタート、町の外に広がるブドウ畑に向かう。最初のポイントでは、前菜の前のつまみ的なものが提供され、隣にあるワインのブースで自分のワイングラスを差し出すと、ワインを注いでもらえる。2か所目以降も同様で、それぞれ前菜、パスタ、肉料理、チーズとフルーツ、という順にチェックポイントが用意されている。最後はスタート地点だった町の広場でデザートと甘いモスカートワインが提供され、歩くことでコース料理が完成する。

8月の最終日曜日に行なわれるため、とても暑かったが、地域の産品を味わいながらその産地を歩くのはとても楽しかった（私はお酒がほとんど飲めないので、半分くらいしか楽しめていないかもしれないが）。仮装をし

たグループも多く、まさにお祭り騒ぎである。

チェックポイントは畑の中に点在する農家や道端が使用され、農家の庭や畑の中で風景を眺めながら食事をすることになる。近くに居合わせた人たちとの会話も楽しい。ベルギーから毎年これを目当てに来ている人もいて、帰りにはワインをたくさん買って帰ると言っていた。そのために毎年車で来ているそうだ。

参加してみてわかったのは、イベントが地域の農業と密接に結びついていること、イベントがイベントだけで終わらずワインの消費にもつながっていること、農業の姿であるブドウ畑の風景が重要な資源になっていることである。このイベントは単なる人を呼んで盛り上がるお祭りではなく、ワイン製造という地域の産業を資源にし、かつ、その産業を助けるものになっている。4km歩いて最後に町に戻ってくるが、町の中には地域のワインを売る店（エノテカ）がある。小さな町なので最終地点の広場のすぐ近くでもあり、

写真3−3｜マンジャロンガの様子

やはりお土産にワインを買いたくなる。

食事やワイン、おしゃべりを楽しみながら4km歩くので、3時間くらいは軽く経ってしまう。滞在時間が長いため、遠くからでも来る価値があり、遠くから来ればお土産が欲しい。おそらく1か所で特産品が買えるイベントではなかなかこうはいかないと思う。4km歩いて楽しい風景があることは重要な資源なのだ。

地域の農産物と結びついた食のイベントが地域を活性化させる

日本で「食で地域活性化」というとB級グルメが思い浮かぶ人も多いだろう。たしかにイベント性や集客力は抜群で、序章で述べた徳島の那賀町で地域の人たちと木頭ゆずの知名度を上げようとしていたころにも、「B級グルメの集客力にはかなわないでしょ」と言われたこともある。しかし、B級グルメは「地域活性化」という視点からみて、効果があるものになっているだろうか。

木頭ゆずの知名度を上げて、地域の農業を活性化させたいと考えてやっていたため、「集客力」で評価されたのは心外だった。近年では一過性の打ち上げ花火的なイベントが地域のためにならないことは認知されてきている。それでも、B級グルメは「地域の食」であると謳われているため、木頭ゆずのような地域の農産物の売り出しとの違いはわかりにくいのかもしれない。

B級グルメには、地域に根差したストーリーはあるものの、地域の農業や漁業と結びついていると言えないものも多い。そのため、B級グルメで潤うのはサービス業である第三次産業の人たちだけである。その賑わいを第一次産業や第二次産業にも波及させる仕組みがなければ、本当の意味での「地域活性化」に

写真3−4｜アップルパイの食べくらべ

はつながらない。「集客」して落としてもらったお金は、地域に循環させなければもったいない。

地域の農産物を核にしたイベントは、日本でもいろいろと行なわれている。いくつか私が行ったことのあるものを紹介してみよう。まず一つ目は香川県で行なわれている「アスパラ大騒ぎ」である。香川県は1970年代からアスパラガスの生産に力を入れており、「さぬきのめざめ」という品種も開発している。アスパラガスの収穫期にいくつもの農家（農園）が、アスパラガスを直売し、さまざまなアスパラ料理を出す屋台、それ以外の雑貨屋さんなどが一堂に会するお祭りのようなイベントである。多くの人で賑わい、楽しいイベントになっている。

つぎは、青森県弘前市のアップルパイガイドマップである。アップルパイを出しているお店が載った地図がつくられており、アップルパイの食べ歩きができるようになっている。リンゴの生産が日本一の弘前市で、2009年に調査をしてみるとアップルパイを出している店舗が40軒以上あることがわかり、特徴などを記したマップをつくったのが始まりだという。*3 私が行った2012年には、1つのお店で6つのお店のアップルパイを食べくらべられるメニューもあり、お店どうしのつながりもつくりながらアップルパイを楽しめるよう工夫されていた［写真3−4］。食べくらべセットの提供は、現在でも毎年2月の週末に行なわれているようだ。

いわゆるイベントではないが、マップにして集めて発信することで、観光資源になる例である。マップに載っているのは青森県産のリンゴを使用したお店だけにしているそうで、アップルパイの観光が盛り上がれば、第一次産業にも波及する仕組みだ。

地域に根差した食を広く扱う「丼」という手法

つづいては能登丼である。詳細はあとで説明するが、能登でとれる食材を使った丼である。これも集めて発信するタイプのものだが、アップルパイのようにすでにあったものをマップ化したのではなく、企画してつくったものである。2010年に奥能登広域圏事務組合（当時）の野中淳也氏に話を聞きに行って教えていただいた情報によると、2007年の能登半島地震の後、活性化のために何かできないかと考えたとき、やはり最初は焼きそばやうどんなどのB級グルメがあがったそうだ。しかし、話し合いを重ねるうち、「能登に麺類の文化があるわけでもないし、もう1回、能登では何がおいしいのかを考えるところから始めよう」と初心に立ち返ったそうだ。そうすると、美味しいのは能登の棚田でつくられる米や海産物であるということを再確認し、丼にすることになったという。

その後、「奥能登産のコシヒカリを使用する、奥能登の水を利用する、メイン食材に地場でとれた旬の魚介類、能登で育まれた肉類・野菜又は地元産の伝統保存食を使用する」という食材に関する定義、「能登産の器、能登産の箸の使用、箸はプレゼント」という器に関する定義を整えたそうだ。これにより、飲食店という第三次産業での消費が、第一次産業、第二次産業にも波及するようにしたとおっしゃっていた。

写真3－5｜能登丼の一例と、各店の能登丼を紹介するパンフレット

つまり、能登丼は海鮮丼もあれば牛肉を使った丼もある。出す店によって内容が全く違うのである［写真3―5］。私がヒアリングに行ったのは、徳島県の木頭ゆずの売り出しのために、地元の伝統料理でちらしずしの一種である「かきまぜ」を町内各地の飲食店で出せないかと考えていたころだった。

各店舗でバリエーションがあるとはいえ、「かきまぜ」という固定されたメニューを売り出す方法を考えていたので、肉や海鮮など店によってバラバラな「能登丼」が本当に参考になるのかなとヒアリング前には思っていた。しかし、話を聞いてみると、食を使って地域を活性化するというのがどういうことなのかがよくわかった。重要なのは、特定の料理の知名度を上げることではないのだ。

実は、先ほど私がB級グルメについて「第三次産業しか潤わない」と言ったのも、このときに聞いた話である。これは、食を通じた地域づくりを考えるうえで、私の考えの基礎として重要な位置を占めている。

能登丼は、能登産の食材を使っていることが保証されているので、旅行先での食事としてとても選びやすい。どこに行けば本当の意味での地域の食が食べられるのかわからないときでも、能登丼のパンフレットを見れば、間違いがない。スタンプラリーなどもやっていて、近場の金沢の人たちは週末の小旅行で何度も来ていたりするそうだ。各店で異なるものを出しているからこそできることかもしれない。

　能登丼の考え方の面白いところは、この仕組みを全国展開できるところである。マネをしても競合するわけではなく、それぞれの土地の特有の丼をつくることができる。これが、地域に根差した食を観光資源にすることの利点である。実際、徳島では、能登丼に影響をうけた「南阿波丼」がある。ヒアリングが縁で野中氏に講演に来てもらったことがきっかけで、２０１１年に徳島県の南部で誕生したのだ。現在ではその後設立された「全国地域おこしご当地丼会議」に21の地域が参加している。

農業を支える仕組み、アグリツーリズモ

　イタリアに、アグリツーリズモという観光形態がある。農家の経営する宿であるが、その運営や条件は１９８５年に制定され２００６年に改正されたアグリツーリズモ法で規定されている。法の目的は「ＥＵ、国および州の農村発展プログラムと調和を図りながら、農村における適切な観光の形を促進して、農業を支えることとする（第一条）（傍点筆者）」と書かれている。「アグリツーリズモを振興する」ではなく、アグリツーリズモを推進することによって農業を支えるのが目的である。観光は手段であり、真の目的は農業であることがわかる。

　法律の目的には、図３－１に示す詳細な目的も掲げられている。これを見ると、単に農家を持続させるため、あるいは都会の人に喜んでもらうため、という経済的側面が目的なのではなく、環境や文化、地域社会、風景など、地域の固有性を守ることを目指していることが伝わってくる。

　アグリツーリズモは法で定められた活動なので、いくつかの定義がある。この定義を守らなければアグ

共和国は、EU、国及び州の農村発展プログラムと調和を図りながら以下を目的とした農村における適切な観光の形態を促進して、農業を支えることとする。

(a) それぞれの地域の固有の資源を保護し、質を高め、価値を高めること。
(b) 農村部における人びとの活動の維持を奨励すること。
(c) 農業の多面的機能と農業収入の多様化を促進すること。
(d) 農家の収入を増やし生活の質を向上させることによって、農家による土壌、地域、環境を守るためのインセンティブとすること。
(e) 風景の特殊性を保護し農村部の建築遺産を再生すること。
(f) 特産品、品質保証のされた製品、関連する食文化を支援し、奨励すること。
(g) 農村文化や食育を推進すること。
(h) 農業と林業の発展を促進すること。

図3-1 | アグリツーリズモ法で示されている目的

リツーリズモの宿と名乗ることができない。大前提としては、農業者、農業法人などが自らの農場を利用して行なう活動であることである。法の目的が農業を支えることであり、詳細な目的に農家の収入の多様化が掲げられているように、農家（農業法人、農業組合を含む）でなくては経営できないのである。ちなみに農家とは、通常の耕作をする者のほか、林業、畜産業、酪農業、漁業などを営む者も含んでいる。

そうしたアグリツーリズモの宿が行なえる観光事業は、図3―2にあげるものである。（a）宿泊サービスの提供、（b）地産地消の食事の提供、地域の伝統的な手法で加工された農産物を提供することなどである。図3―2にある「伝統的農産物リスト」は、詳細については4章で説明するが、伝統的な手法でつくられていることを保証する制度があり、その制度で保証されている伝統的な農産物が登録されているリストのことである。

（d）の規定は、農場の周囲をいろいろなかたちで楽しめるようにする活動である。

アグリツーリズモの宿は、これらの活動をするかぎり、

(a) 宿泊施設、あるいはキャンプ用の宿泊スペースを提供すること。

(b) 主に自分たちの製品および地域内の農場から生産される農産物からなる食事、飲料を提供すること。地理的表示や伝統的農産物リストに含まれている製品を優先して提供すること。

(c) 農場の製品を試食、試飲させること。

(d) 地域と農村遺産の価値向上を目指して、農場が所有する土地以外でも、自治体と共同しながらレクリエーション、文化、教育、スポーツ、ハイキング、乗馬の活動を実施すること。

図3－2 ｜ アグリツーリズモ法で定義されているアグリツーリズモ活動（第二条）

写真3－6 ｜ ワイン農家が経営するアグリツーリズモの宿／地域の伝統的な建物、あるいは新築の場合でも地域の伝統的な建築様式で建てられた建物が使用される

宿の経営が観光事業ではなく農業活動として認められ、それらに従事する人も農業労働者として社会保障や税の優遇がある。

これらを総合的に考えると、その土地で食べるものを提供し、農業設備を見せ、農場周囲を散策させることによって、農産物とそれらを生み出す土地や文化をまるごと体験させることが「アグリツーリズモの宿」に求められている機能であると理解できる。

実際、私も何度かアグリツーリズモの宿に泊まったことがある〔写真3-6〕。（c）の「農場の製品を試食、試飲させること」に対応するものだと思うが、部屋にワインが1本置いてあったことがある。お金が必要になると思って手をつけなかったのが悔やまれる。そのほか、夕食時にワインが飲み放題だったところも「試飲」に該当するのだろう。また、（d）の地域との関係も、いろいろなかたちで行なわれている。周辺の散策マップを受付で配っているところもあるし、ワイナリーが経営している宿では、ワイナリーの見学が無料で行なわれていた。

中山間地域のほうが有利になる農村観光

アグリツーリズモの制度では、農業を支えることが前提となっていることは先に述べたとおりだが、これを具体的な数字で決めているのが各州の州法である。労働時間や提供できる床数、農場で出す農産物の割合を決めている。それによって、農家の「観光部門」が最優先とならない「ない」ようにされている。あくまでも農業が「主」で観光はそれを支えるための「従」でなくてはならない。

床数では、たとえばアブルッツォ州では農作業に従事する時間が、観光部門の労働時間よりも長くなくてはならず、また宿の規模は最大10部屋、30床、キャンプサイトは30人までと決められている。イタリア南部のバジリカータ州では基本的には30床を最大としているが、年5000時間を超える農業、漁業活動をしていれば40床、10000時間を超えるなら50床まで増やせることとなっている。このように、州によって決め方は違うが、基本となる農業の規模との関係で農場の観光部門の規模が定められている。

食事や飲み物については、アブルッツォ州では、自分の農場でつくられたものを60%以上使用して食事を提供し、30%は近隣の農産物、地理的表示のある製品、アブルッツォの職人がつくった特産品、伝統的農産物リストにある地域の典型的な有機食品を提供する必要があるとされている。農業条件の不利な山岳地帯では自分の農場で賄える農産物の量が限られることから、少し緩和され、自分の農場でつくったものが40%、近隣の農産物などが50%とされている。いずれにしても他地域のものの使用は10%未満しか許されていない。法律の目的にある「農業を支える」という目的を実現する方法が、明確に決められているのである。

では、アグリツーリズモはどのような効果をもたらしているだろうか。COVID－19の影響を受けていない2018年のアグリツーリズモの立地状況を、地形ごとの宿数の割合でみると、平地16%、丘陵地53%、山岳地31%となっている。[*4] いわゆる中山間地域にアグリツーリズモが多く立地していることがわかる。国土の土地面積の割合が平地23・2%、丘陵地41・6%、山岳地35・2%であり、[*5] 山岳地には人が住めないところも多いことを考えると、丘陵地や山岳地などの中山間地域のほうが面積比で多く立地していると言える。

農業を生産だけに特化して考えると、平地のほうが効率化しやすく有利である。しかし、特徴ある風景や食を楽しむ農村観光という視点では、中山間地域のほうが特色を出しやすい。こうして競争のルールを多様化することが、過疎を解消する一つの手段なのかもしれない。

日本の農泊は農業や農村のためになる制度か

ここで、日本の農業観光の一形態である「農泊」についてみてみたい。「農泊」とは、近年農林水産省が農村振興策として力を入れている事業の一つである。農林水産省のWebページには、次のような説明がある。

「農泊」とは、農山漁村地域に宿泊し、滞在中に豊かな地域資源を活用した食事や体験等を楽しむ「農山漁村滞在型旅行」のことです。地域資源を観光コンテンツとして活用し、インバウンドを含む国内外の観光客を農山漁村に呼び込み、地域の所得向上と活性化を図ります。[*6]

地域資源を活用して観光振興をはかり、農村の収入を増やすというのは、アグリツーリズモと同じように見える。しかし、懸念されるのは地域資源を守るための仕組みが農泊には組み込まれていないところである。

実は現在の農泊の目的は、２０１７年に決められたものである。それまでは農村の人びとの生きがいづくりに重点を置いていたが、産業としての農泊に大きく方針転換した。表３―１は、そのころに公表されていた資料にある表だが、「受入組織機能」のところをみるとマーケティングを重視していることがみてとれる。これ以外にも、同資料には「観光客のニーズを把握し、それをビジネスとして実施する必要」が

表3−1｜農泊政策の方針転換を説明する表
（農林水産省「農泊の推進について」*7より抜粋）

	従来は	今後は
地域の目標	生きがいづくりに重点	持続可能な産業へ
資金	公費依存	自立的な運営
体制	任意協議会（責任が不明確）	法人格を有する推進組織（責任の明確化）
受入組織機能	農家への宿泊の斡旋が中心	マーケティングに基づく多様なプログラム開発・販売・プロモーション・営業活動

あるとし、それを実現するために「外部の目線による観光コンテンツの磨き上げ」が必要であると書かれている。

農泊に限らずかつての農村振興は農村と都市の人びととの交流が重視されてきた。交流すれば農村の価値は広まる、交流すれば移住したい人も出てくるという考えで、儲けを度外視し、税金やボランティアで成り立つイベントを行なうというのが「町おこし」であると考えられてきた時代も長かった。しかし、それでは思うような成果がでないことが明らかになり、近年では「稼ぐ」ことで地域を立て直すことが必要であるという潮流になってきている。こうした潮流を受けて、観光を産業として育てることを目指す「明日の日本を支える観光ビジョン」（2016年3月）が作成され、これに農泊が位置づけられたため、農泊も交流から産業への方針転換を行なったのである。

たしかに農泊を農村の産業の一つにすることは重要である。だからといって、観光客の要求に応えることで十分なのであろうか。観光客が「農村の環境、風景、文化を守りたい」と思っていたり、そのような観光客だけをターゲットにしたりするならいいのだが、今の日本の社会では、多くの観光客（消費者）は、いかに安く良好なサービスを受けられるか、美味しいものが食べられるかといった意識が強いのも事実である。そうした観光客の需要に応えようとすれば農泊はその他の宿泊施設と同じ土俵で勝負をすることとなる。その地域ではとれない「美味しいもの」を提供するようになる可能性だってある。

イタリアのアグリツーリズモでは、地域の農業や食文化を守り、発展させるための仕組みが入っている。この点が農泊とアグリツーリズモの大きく異なる点である。それぞれの土地の環境や文化から生まれる「地域の資源」は、固有のものであり、工業製品のマーケティングのように消費者に合わせるわけにはいかない。したがって、地域を良くするような「地域の資源（農産物や風景）」を振興させつつ、それを観光客に「価値がある」と思ってもらえるようにしていく必要があるのである。

農村振興政策として農泊を活用するには

「農泊」は農林水産省の管理する商標であるが、使用許諾を得れば誰でも使える。使用にあたっては「使用者は、関係法令及び本規約を遵守するとともに、本商標の品位を損なうことのないよう努めるものとする」などの遵守条件のほか、「農泊の正しい理解を妨げるおそれのある場合」「法令又は公序良俗に反するような方法で使用する場合」などに使用できないとされているのみである。アグリツーリズモのように、「農泊」と名乗る宿として認められるための農業や農村振興上の条件は決められていない。

アグリツーリズモに照らして日本の「農泊」をみてみると、「農泊」が観光事業に特化しすぎていて、農林水産省がやるべき農業政策としては不備が多いことがわかる。もちろん、質の高い農泊を経営している人がいないわけではなく、地域の環境にも配慮された食材を出し、地域の文化を継承するような宿もたくさんある。農林水産省はそういった宿を優良事例として取り上げているが、それは一部である。

現状の農泊はアグリツーリズモにくらべて規制が少なく、農村部の人たちが農泊を経営しやすいという利点はある。しかしそれでは質が担保されない。だから観光客の「農泊に泊まりに行きたい」という気持ちを喚起できる状況になっていない。「農泊」という価値を形成できなければ、「農泊」の利点が農村の人（農家でもない）が交付金をもらうことだけになってしまう。

「農泊」で地域を活性化させるなら、個別の宿の努力に任せるだけではなく、「農泊」というラベルそのものに価値をもたせ、「農泊に行けば良質な田舎が堪能できる」という状況をつくり、「農泊に泊まりたい」と考える観光客を増やすことが重要である。そのために、まずは「農泊」の基準を明確にし、質を担保することが必要ではないだろうか。一見ハードルが高く多くの農家を排除するように見えるかもしれないが、まわりまわって農村の活性化につながる確実な道であろう。

交付金で推奨している事項はあるものの、ルールではない。たしかに、農泊のなかには高い志をもった優良事例はあるがすべてではない。実際のところ農泊は玉石混交なのである。国が政策としてやるべきことは、どの方向で努力すればよいのか方向性を示し、そのための基準を整備して良い産業が生まれる土俵をつくることである。

国がこうした枠組みを用意することの付加的な効果もあるだろう。政策そのものが「それぞれの地域の農業と結びついた観光形態が重要である」というメッセージとして消費者に伝わり、（時間はかかるかもしれないが）価値観の転換を促すことにつながると考えられる。あるいは、そうした価値観を積極的に醸成することも政策目標になりうる。単純に「観光客のニーズを把握する」のではなく、農村が良好な状態で活性化するための良い循環のかたちを構想し、そこに対して農村側にも消費者側にも働きかけるのだ。

風景を価値にする農業者

ＥＵの共通農業政策（ＣＡＰ）では、前章で説明したような、守らなければならない最低ラインの農地管理基準以外に、伝統種の栽培や有機栽培などに追加の補助金が出るという仕組みがある。グリーニングに見られるような水辺や農地樹木の保存、伝統的な石垣を守る仕組み、地域で継承されてきた伝統的品種の栽培の推奨は、風景と同時に農産物にも地域の個性を生み出すことにつながる。環境保全型農業の推奨は、観光と相性がよいと言えるだろう。アグリツーリズモは、地域の個性を重視するＣＡＰがベースにあることが重要なポイントである。

一方で、そうした基準、規則によるものだけではなく、農業者自身が観光事業を行なうことの利点もある。イタリアで石積みの研究や保存活動をしている人たちが集まる会議に参加したとき、立ち話の場で私が「日本では石積みよりもコンクリートで直したい人がまだ多い」と言うと、「日本にはアグリツーリズモはないの？」と質問された。

このやりとりは一見、会話になってないように思えるかもしれない。私も一瞬、戸惑った。しかしよく考えてみると、農業者自身が観光事業を行なっていれば、農業は単なる生産の場ではなく、観光資源にもなる。農業の姿である風景を整えながら農業をすることが、自分の収入を増やすことにつながるのである。

農業者とは別に、観光事業者が農村で宿を経営する場合、観光事業による利益は観光事業者のものとなる。もちろん、本章の前半で述べたように、地域の食材を使えば、食材の供給による経済循環はある。一方で、農業者が観光事業を行なうアグリツーリズモでは、農業者自身が「観光客からの見え方」を意識しながら農業をすることになるのである。そのため、たとえば棚田地域では「コンクリートより石積みで直したほうがよい」と農業者自身が考えるようになる可能性は高い。

実際、イタリアの農村では、道具小屋が畑と畑の間の茂みにつくられていたり、給水のための水道が灌木で隠されていたりするところをよく見た［写真3―7、写真3―8］。こうした細かい部分はなかなか規制の対象にできず、農業者の意識に頼るしかない部分が大きい。ところが、アグリツーリズモという仕組みがあれば、奉仕精神やファーマーズ・プライド（郷土愛のこと。都市部でシビック・プライドと呼ばれるものの農村版）という、実態のつかみづらいものではなく、もう少し実利的な意識で風景が良くなっていくのである。

「日本にはアグリツーリズモはないの？」という質問は、そうした風景が良くなるメカニズムが存在していることが前提の質問だったのだろう。観光資源となるような地域の風景への貢献が、農業者自身のためにもなることは、政策を行なうにあたって重要な視点である。

注

＊1　食と旅に関する調査　https://www.tourism.jp/wp/wp-content/uploads/2017/04/food-and-travel-jtb-report.pdf（２０２３年５月27日閲覧）

＊2　Arianna Ruzza, "Le 100 Feste del Gusto, Mondadori", 2012

＊3　アップルパイの街　https://www.hirosaki-kanko.or.jp/edit.html?id=cat03_food14（２０２３年５月27日閲覧）

＊4　Francesco Fratto et al., "Agriturismo e multifunzionalità - Rapport 2019", ISMEA, 2019

＊5　Istat, "Rapporto sul territorio 2020 - Ambiente, Economia e Società", 2020

＊6　「農泊」の推進について　https://www.maff.go.jp/j/nousin/kouryu/nouhakusuishin/nouhaku_top.html（２０２３年５月27日閲覧）

＊7　農林水産省、農泊の推進について　https://www.mlit.go.jp/common/001172878.pdf（２０２３年５月27日閲覧）

写真3－7　｜　サンジミニャーノ近くの農地／丘陵地帯に広がる農地に樹木の島や列が点在しているが、太陽光パネル付きの小屋が樹木の間に建てられ、遠くからでは目立たないようになっている

写真3－8　｜　ソアヴェで見た給水の施設／道路（写真奥）から見えないように灌木の陰に置かれている

第4章

土地と結びついた食が地域をつくる

農産物のブランド化とは何だろうか。知名度があがること？　それとも良い品質（価値）をもつこと？　その価値を理解すること？　地域を良くする農産物が経済のなかで循環するための方法を考えてみよう。

食と地域性を結びつける

広辞苑で「ブランド」を調べてみると、「商標。銘柄。特に、名の通った銘柄」と出てくる。[*1] 地域活性化の文脈でブランド化しましょうというときは、この最後の意味の「名の通った銘柄」で使用していて、つまり「有名にしましょう」と言っているのだろう。

たしかに、農産物で地域活性化をしようとすれば、売れることが重要で、そのために有名にしようというのは一面ではそのとおりである。一面では、と断ったのは、3章の観光の話でも述べたように、その産品をつくるのに地域社会や地域の環境が疲弊するようでは本当の意味での地域活性化にならないからである。つまり、地域活性化として「ブランド化」を目指すなら、ただ売れればよいのではなく、地域の社会や環境を良くするような（つくり方の）農産物が売れる必要がある。

ただ、ここでもう一つ考えておくべきことがある。有名になることと売れることは必ずしも一致しない。消費者の視点からみても、「知っている」のと「買う」のには、（当然相関はあるが）大きな違いがあることは理解できるだろう。

地域活性化が語られる場合「ブランド化しましょう」という言葉の裏には、当然「売りましょう」という意味がある。そうだとすれば、ただ農産物が知られるだけでは不十分である。たしかに多くの人に知られれば、売り上げも伸びるだろう。しかし、有名になって「何か良さそう」で買ってもらうだけでは、一過性のブームで終わる可能性も捨てきれない。

つまり、地域が良くなるように「ブランド化」を目指すのであれば、その農産物の栽培が地域に良い影響を与える、それが売れる、という条件を備える必要がある。そのためには、①地域に良い影響を与える作物、農法を進めること、②その価値を発信すること、③その価値を理解してくれる人を増やすこと、という三つのステップが必要になる。

これは、「有名にして売る」ことをダイレクトに目指すのとは根本的に異なる。有名にして売るだけが目的ならば、消費者の好みを把握しそれに合わせればよい。しかしその方法では、農産物をつくる側、つまり農村の環境や社会は消費者の手の内にあることになってしまう。消費者が「甘いイチゴがクリスマスに欲しい」といえば、ハウスを建て、灯油を焚き、甘く改良された品種に合うよう手間をかける。もっと甘い品種が他で開発されることに恐々としながら、消費者の顔色をうかがうのである（それが現在の農家の生存戦略なのだろうとは思うが、農家にとっても社会にとっても最良の方法とは思えない）。

先に述べた三つのステップでは、地域の環境や社会を第一に考え、それをつくり、そうした観点から「良い」といえるものを理解してもらう消費者を増やす。そうすることによって地域が良くなる「ブランド化」を目指すのである。

農産物と地域を結びつける仕組み——地理的表示

農産物と地域の結びつきを保証するものに、地理的表示という認証制度がある。英語ではGeographical Indications（GI）と呼ばれている。フランスやイタリアで使われていたものが、１９９２年にＥＵの制度となった。世界的にも広がっていて、日本でも２０１４年に「特定農林水産物等の名称の保護に関する法律」が制定され、地理的表示保護制度、ＧＩ認証と呼ばれている。

これらは、もともと知的財産権保護のためのものである。ある製品で有名な産地があったとして、地域外の人が、その産地で生産されたものだと偽装すれば、産地の知名度を利用して販売が有利になる。しかしそれでは時間をかけて「有名な産地」をつくりあげ、維持してきた人びとの努力にフリーライド（ただ乗り）することになり、産地の人びとが不利益を被る。こうしたことを防止して産地や生産者を守ろうというのが地理的表示である。

ＥＵで使われている地理的表示には、「原産地呼称保護（Protected Designation of Origin: PDO）」「地理的表示保護（Protected Geographical Indication: PGI）」の二種類がある。ＰＤＯは、原材料の生産や加工など、すべてのプロセスが認証の表示に示す地域で行なわれている場合に受けることのできる認証で、最も厳しい認証である。ＰＧＩは、認証を受ける製品の品質や名声がその産地と結びついていることが前提で、原材料の生産や加工などのどれかがその地域で行なわれていれば受けられる認証となっている。これは日本の地理的表示に相当する。

一方で、ＰＧＩといえどもワインの場合は使用されるブドウの少なくとも85％がその地域でつくられていることが必要であり、加工だけがその産地であればよいというわけではないようだ。

農村風景との関係という意味では、ＰＤＯは原材料の生産そのものが地域と結びつけられている認証なので、生産の風景に貢献すると言えよう。ＰＧＩでも、原材料の生産がその地域で行なわれている場合は生産の風景に貢献する。一方で加工のみがその産地で行なわれている場合には、製造、加工の文化を守ることにはなるが、地域の風景との結びつきは比較的弱い。

ちなみに、ＥＵ圏内の製品で地理的表示に登録されているのが３５２５品、そのうちワインが１６３２品で半数ちかくを占め、酒類を除く農産食品は１６３３品である。そのうちＰＤＯは６９２品となっている（２０２３年6月18日現在）。約4割の農産物が原材料も含めて地域と結びついていることがわかる。種類としては、オリーブオイルやチーズ、パン、サラミやハムなどの加工品に加え、蜂蜜や生鮮野菜、果物などが登録されている。

なお、イタリアはＥＵのなかで最も登録が多く、酒類を除く農産物のＰＤＯが１７４品、ＰＧＩが１４５品で5割以上がＰＤＯとなっている。これだけあれば、イタリア各地で食のお祭りが行なわれている（3章参照）のも納得である（ちなみに、日本の地理的表示登録は１２６品（２０２３年3月31日現在））。

たとえば日本でも有名なチーズ、パルミジャーノ・レッジャーノ［写真４－１］はＰＤＯであるが、品質を守るために、製造工程については、温度や時間が決まっているのはもちろんのこと（その違いがさまざまなチーズの違いを生んでいるので、時間や温度はとても重要）、各過程の道具についても、銅製の釜だとか木製のテーブルだとかが決まっている。さらには、原料となる牛乳の味は、牛の餌に左右されることから、餌は自然の草に限定されていて、伝統的に牛が食べていたもの以外は与えられないことが決まっている。

パルミジャーノ・レッジャーノの生産者団体が出しているパンフレット［写真4－2］の前書きに素敵な文章があったので、少し長いが紹介しておこう。

この原産地には、低い山々、丘、肥沃な平野、ロマネスク様式の教会、農具小屋、草、水、牛乳、乳酵素、劇場、城、乳加工場がある。そして人びとがいる。彼らのうち何人かは草、水、牛と酵素を合わせてパルミジャーノ・レッジャーノをつくる。またある人びとはそれを熟成させ、整形し、スタンプをおして販売する。また別の人たちはそれを主役にしたごちそうを用意し、またシンプルにすりおろしてパスタに載せたり丸ごと食べたりする人もいる。パルミジャーノ・レッジャーノは人と自然の共同作業の結果なのです。[*2]

製品が土地から生まれていることが生産者たちに意識されていることがよくわかる文章である。

地域の農業を守る仕組みとしての認証

先にも述べたように、地理的表示はもともと知的財産権保護の仕組みであるが、もっと積極的な使い方もできる。知的財産権保護の観点からは、他からの防御でしかない。しかし地理的表示は同時に、地域と結びついているという価値を証明するツールとしての意味ももっている。地域との結びつきは、自分たちでも自由に発信することは可能であるが、地理的表示は第三者の認証を受けているという点で、信用に足る価値が発信できる。

たとえば、3章で紹介したアグリツーリズモのように、アグリツーリズモの宿の条件として、地理的表示のある産品を提供することという規定をつくることも可能である。このように、地域と結びついた観光などの活動を保証する公的な仕組みに使用することもできるのである。

実際、EUでは地理的表示を品質保証の機能としても重視しているようで、地理的表示が掲載されているEUのページは「地理的表示と品質保証の仕組み」という表題がつけられている。また、「品質保証制

写真4－1｜パルミジャーノ・レッジャーノをかけただけのシンプルなパスタ／後述するパスタの博物館に併設されているレストランにて

写真4－2｜パルミジャーノ・レッジャーノのパンフレット

図４−１｜EUの地理的表示と品質保証のマーク（左から、PDO、PGI、TSG）

度の目的」として、特定の製品の名称を保護することで、そのユニークな特性を促進することであると説明している。地域らしさを保証する仕組みとしての役割が大きいといえるだろう。

同ページにはその他の品質保証の制度として「伝統的農産物保証(Traditional speciality guaranteed: TSG)」、「山岳プロダクト(Mountain Product)」もあげられている。*3

ＴＳＧは、伝統的な材料や加工方法にのっとってつくられていることを保証するものである[図４-１]。ＥＵで２０１２年にできた制度で、ここでいう「伝統的」とは、少なくとも30年間の実績があることをいうそうだ。ＥＵの規則では、ＴＳＧは伝統的な製品の販売を支援し、伝統的なレシピや製品であることを消費者に伝えることによって、伝統的な生産方法を保護することが目的であると書かれている。「他から守る」というよりは、それ自体を守るために価値を消費者に伝える姿勢と捉えることができる。

もう一つの山岳プロダクトも２０１２年に導入された制度である。山岳地の多くは気温が低く作目の生育期間が限られていること、土地が肥沃ではない急斜面であること、平地にくらべて小規模な農家が多いことなどから、効率化、生産性という点からみれば不利な条件が多い。一方で伝統的な製法が維持されており、「山岳地」と名乗ることで人びとに良いイメージを与えるという利点もある。そのため山岳地産であることを保証し、山岳地での農業を守るために導入された[図4―2]。

EUのWebページでは、山岳地でつくられたことを明示することによって、農家が適切に販売できるようになり、消費者にとっては、山岳地の製品を選びやすくなると説明されている。EUの委託で行なわれた山岳プロダクトについての研究によると、実際に消費者は、山岳地でつくられた産品を購入するさいに、山岳地の文化と結びついている、地域の雇用に貢献する、環境に配慮して生産されている、などを考えていることが明らかにされている。*4 そうした消費者に向けて、正しい情報を提供する必要があるという認識である。

図4―2｜イタリアで使用されている山岳産品であることを示すマーク

このように、EUのWebページでは、地理的表示と伝統的農産物保証、山岳プロダクトが一つのページに記載されており、他からの防御という知的財産権保護の意味と同時に、消費者に価値を伝え、その消費を活性化させることで、産地や製法を守ろうという姿勢がうかがえる。なお、2022年には地理的表示も含めて、環境や文化を守る農産物の普及プロモーションに合計1億8590万ユーロが割り当てられている。価値を伝える制度としての認証は、その価値を理解する人を増やすことでさらに効果を発揮するのである。

伝統的農産物保証で地域の文化を守る

ここで、伝統的農産物保証（TSG）についてもう少しみてみよう。これは製法が伝統的であることを保証するものであって、原材料の生産地は特に問わない。したがって、農業との結びつきは保証されていないが、文化の継承につながっている。たとえば、発酵が必要なものは、しっかり発酵させているなどである。「本物」を守る仕組みである。

本物といえば、日本では消費税が10％になり軽減税率が導入されたさい、みりんの扱いについて少し議論があった。もち米や米麹に焼酎を加えて熟成させてつくる本物のみりんは、アルコールを含んでおり、「酒」に分類される。一方で「みりん風調味料」はアルコールを含まない。そのため、酒である本みりんは消費税が10％、食品である「みりん風調味料」は8％となった。仕組み上は仕方がないのかもしれないが、消費税だけをみると「みりん風調味料」の消費にインセンティブがつくことになり、「本物」を排除する方向の仕組みになっている。

ただ別の見方をすると、みりんの場合は酒か否かで「伝統的な製法」が目に見える。しかし、多くのものはその区別があまり見えてこない。時間をかけてじっくりと天日干ししたものか、機械乾燥かの表示がないことは多い。

伝統的な生産工程でつくられたものかどうかという表示や登録は、食文化を守るうえで重要な指標である。もっというと、伝統的なつくり方のものには地域の職人技でつくられるものも多く、地域の文化を支える雇用にもつながるのだ。

伝統的な製法でなければならない、とか、それを消費しなければならない、というルールをつくるべきだと言いたいのではない。そうではなくて、表示があるだけで、製品に対して「つくり方が伝統的かどうか」という見方、区別の仕方があることを伝えるメッセージになる。それは長期的にみたとき、人びとの価値観や購買行動に影響を与えるだろう。そういうちょっとしたことが未来を方向づけると思っている。

ＥＵのＴＳＧに登録されているものは全部で60品で、ＰＤＯやＰＧＩの地理的表示にくらべると格段に少ない。地理的表示が最も多かったイタリアを見ても、4品にとどまっている。しかし、実はイタリアには、EUの伝統的農産物保証ができる前、1998年に独自の伝統的農産物（Prodotti Agroalimentari Tradizionali: PAT）を制度化している。アグリツーリズモ活動の定義にある「伝統的農産物リスト」は、これのことである。これには、2022年現在で5450件も登録されている。

まとまった量をつくっていなくても登録できたり、加工品だけでなく、生鮮の野菜や果物のほか、レシピなども登録できたりするために、このような数になっているようだ。まとまった量が必要ないことで、ごく狭い地域の文化を継承することにつながっているとのことである。そもそもイタリアは、1986年にスローフードが始まった国である。レシピも含めた地域性のある食を残すことに関心が高く、それに対して多大な努力が払われているのだろう。

日本の地理的表示は地域をどのように捉えているか

では、日本の地理的表示はどのような状況だろうか。日本では地理的表示（GI認証）の制度は2014年に始まり、126品目が登録されている（2023年3月末現在）。農林水産省の資料を見ると、知的財産権保護の側面と、ブランド化を目指していることが強調されている。地理的表示の効果として、「地域と結びついた産品の品質、製法、評判、ものがたりなどの魅力や強みが見える化。国による登録やGIマークと相まってブランドを強化」があると書かれている。[*5]

ここで、もう一度「ブランド」という言葉について考えてみたい。本章の冒頭で述べたように、地域の環境を良くし、地域の活性化を目指すためのブランド化では、地域に根差した産品をつくり、その価値を発信し、価値を理解してくれる人を増やすという三つのステップが必要である。しかし、日本の農林水産省のこれまでの政策は、「ブランドを保護」「ブランド化」を意識しすぎたために、地域とのつながりを発信する、価値を理解する人を増やすというステップを軽視してきたように見える。そのため、純粋に地域と結びついていることが登録の要件になるのではなく、その産品が他と違うことが重要視されていたように思う。

実際、農林水産省は2022年11月にGI認証の方向性の転換を表明[*6]しており、そこではこれまでの課題として、ブランドを守ることに主眼を置いたために、運用が厳格化され、GI産品は他産品との品質差を証明しやすく、地域でまとまりやすい小規模・地場の伝統野菜等に偏っていたと説明されている。私がこれまで思っていたことと一致する。しかし、今後の展開については私と見解が違うようだ。農林水産省は、より多様な産品の登録を進めることで成功事例を広げ、GI認証の知名度を上げること、GI産品の輸出を強化するために加工品の登録にも力を入れることを表明している。

これは、GI認証そのものの知名度を上げることで、「GIマークがついていること＝価値」にしていこうということだと言えよう。その背景には農家の所得向上という目的があるようだが、本章の最初に述べたように、地域の農産物は売れればよいというわけではない。売れることで地域を良くしていく必要がある。2章で説明したように、EUではすでに、環境保全型の農業を実施しており、そのなかで「売れる」ものをつくっているのだが、それでも地域の結びつきが重要な価値であることを地道にプロモーションしている。

一方で日本では、農業政策の基盤がまだ環境保全型になっていない。そのなかで「売れる」ことを第一の目標にしてしまうと単一栽培や資材の多用など農村や地球環境への負荷が懸念される。GI認証の今後の方向性として問題なのは、経済的側面の話ばかり出てくることである。産地を空間的な広がりをもつものとして見ていない。農業政策が簡単には変われないのなら、それぞれのGI産品がいかに地域の価値を守っているかを明確にし、そのうえで地域の価値を守る産品を消費することの重要性を広めていく必要があるのではないだろうか。現在の日本では、認証とブランド化が混同されているが、認証とブランド化は分けて考えたほうがよい。分けたうえで、地域との結びつきを明確化（認証）し、その価値を発信し、それを理解する人が増えることで、「ブランド化」するというステップを目指すのがよいだろう。

食の博物館で食の価値を伝える

イタリアでは、地域に根付いた食を伝える目的で、農産物の博物館を設立する動きがある。イタリアの観光ガイドブックシリーズの一つとして2012年に出版された『味の博物館』という本には、20の博物館の詳細な説明と、説明はないもののマップに位置が記してある博物館が16個掲載されている。[*7] 食の博物館は2000年代に入ってから増えてきているようだ。

食の博物館のうち、最も規模が大きいのは、パルマの食の博物館だ［写真4－3、写真4－4、写真4－5］。パルマでは、2000年にパルマの特産品であるワインやパルミジャーノ・レッジャーノ、パスタ、生ハムなど、8つの博物館をつくる計画が立てられた。それらの博物館は古い建物を使用してつくられることになったため、建物の修復や展示内容にかかわる調査などを経て2004年から順次開館し、2018年までに7つ、2022年9月には最後のキノコの博物館が開館した。これらの博物館は、単に食品を詳しく

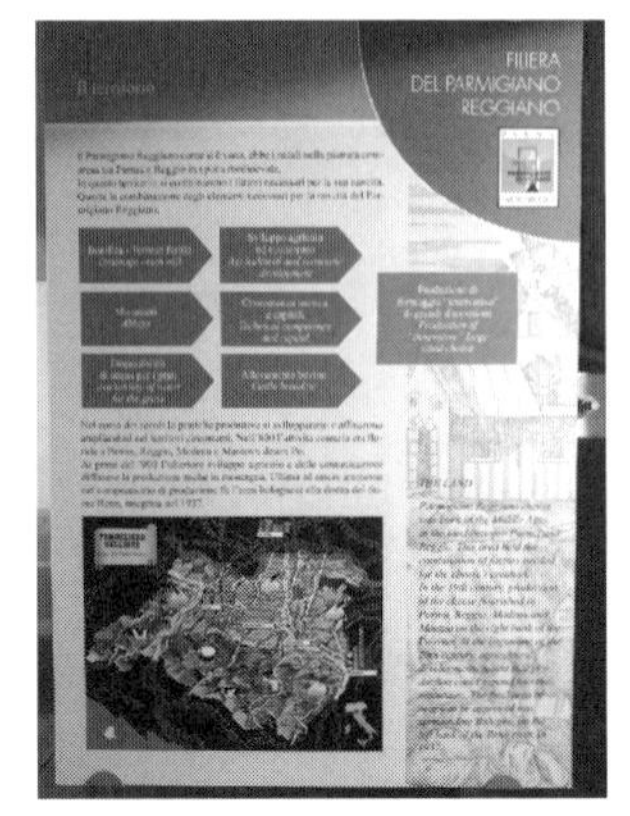

写真4−3 ｜ パルミジャーノ・レッジャーノ博物館の内部／銅の窯の展示や、なぜここがチーズづくりに適していたかという地域の環境との結びつきを説明するパネルなどがある

写真4−4 ｜ パスタ博物館

写真4−5 ｜ トマト博物館

紹介するだけでなく、地域の環境や風景、文化の価値を上げること、それによって食を中心とした観光にも結びつけることを目指している。[*8] また、学校とも連携しており、小学校から大学まであらゆる年齢の学校ツアーに対応している。また、大学とは共同研究もしているようだ。箱としての博物館にとどまらない、食の価値を伝えるためのプロジェクトである。

博物館の内部では、どんな展示がされているだろうか。たとえば、パルミジャーノ・レッジャーノの博物館は、実際にチーズに加工していた建物が使われ、ミルクを温めるための古い窯など、いろいろな道具が展示されている。また、展示の冒頭には、水はけのよい肥沃な土壌、牧草が育つ十分な水がある平地だからこそ、ここでパルミジャーノ・レッジャーノの産業が確立したという説明もあった。

ワインの博物館でも古代からのワインの歴史とともに、この地でどのようにブドウが栽培されてきたかや、他の低木と組み合わせることでブドウの木を守る方法など、かつての栽培方法が紹介されている。トマトの博物館では、トマトそのものが16世紀にヨーロッパに到着した新しいもののため、土地とのつながりが深く展示されているわけではないが、どのように定着し食文化となっていったのか、加工技術が進化していったのかが道具や時代ごとのトマト缶とともに展示されていた。

これらを統合する食の博物館のWebサイトでは、博物館の点在する地域をフードバレーと呼び、地域を回るお勧めのルートをいくつも紹介している。パルマ以外のほかの博物館でも、地域外の農地や生産者を回るツアーを提供しているところもある。

アグリツーリズモの宿の要件に、地域の食を提供したうえで周囲を散策させるという項目があったが、食と地域を結びつけるこのような地道な活動により、地域の環境が食を生むという意識が広がりつつあるように思う。

テリトーリオという考え方

引き続きイタリアの話をしよう。イタリアでは現在、テリトーリオという考え方が普及してきている。テリトーリオの研究をしている陣内秀信は、テリトーリオを次のように説明している。英語のテリトリー、領土とも違い、一言で説明しにくいので少し長くなるが引用しよう。

土地の持つ自然条件、あるいは大地の特質を活かしながら、そこを舞台に人間の多様な営みが展開してきた。農業、牧畜、林業、もろもろの産業が営まれ、町や村の居住地ができ、田園には農場、修道院が点在し、これらを結ぶ道のネットワークもできる。そこに歴史や伝統が蓄積され、固有の景観が生まれてきた。こうした社会的、文化的なアイデンティティを共有する空間の広がりとしての地域あるいは領域が「テリトーリオ」なのである。*9

自然の特質を生かしながらそこに営みが展開してきたという点では、文化的景観にちかいようにみえる。しかし、テリトーリオは、農業地域と近くの都市が結びついているところが特徴である。ごく簡単に言い換えるなら、「土地の特質から生まれた農と食がつくる生産と消費の領域」といえるかもしれない。

3章で紹介したイタリア各地のお祭りも、それが行なわれるのは基本的に町である。イタリアではどんなに小さな町でも中心に教会をもつ広場がある。そうした場所がお祭りの舞台となる。ラ・モッラのマンジャロンガも、ただブドウ畑を歩くだけではなく、スタートとゴールは中心となる町である。マンジャロンガに来た観光客は町の中にある宿に泊まり、レストランで食事をし、町のお店でお土産を買う。レストランでは地元のワインが提供され、お店では地元のワインや職人のつくったお土産が売られている。

陣内は、イタリアでは１９７０年代に入るころから町の歴史的中心街を再興する動きが出て、さらに工業化への反省もあって、１９８０年代に入るころから田園回帰の動きが出てきたという。そのころから、町の周囲に広がる田園のポテンシャルの再発見、再評価に向けた思いを込めて、テリトーリオという言葉が意図的に使われるようになったのではないかという。

イタリアでは、１９８５年に最初のアグリツーリズモ法が制定され、１９８６年にはスローフードが始まっている。田園の価値や地域性のある食にまつわるさまざまな活動、政策も後押しして、こうしたテリトーリオとしての町と周囲の農村が一体となった発展が進んできている。

現在、日本では地方都市の衰退も大きな課題であるが、大都市への人口流出を食い止めたり、大都市からの人を呼び込んだりするだけでなく、周囲の農村との関係を再考する視点が重要なのではないだろうか。発展することに注力して、目標、あるいはライバルとなる「大都市」にばかり目を向けるのではなく、むしろ周囲の農村に目を向け、地域の個性ある魅力を高める方向にシフトするのもよいだろう。

かつての地方都市は多くの場合、周囲の農村から農産物が集まり散っていく流通の要衝であり、それゆえに発展してきた。これまで蓄積してきたこのような都市としての資産をもう一度見直し、周囲の農村でつくられる農産物の加工や販売の場として再度位置づけることができれば、お互いに価値を高め合えるのではないだろうか。ライバルとしての他の都市ではなく、周囲の農村に目を向けることが、実は地方都市の活性化の近道になるかもしれない。

テリトーリオ産品というカテゴライズ

地域の環境の特徴を生かして生産された製品は当然、特産品や地場産品と言える。一方、地域の環境と関係ないものを活性化のために開発しブランド化しても、地域でつくっている以上、これらも特産品や地場産品と呼べる。したがって、これらの産品と、地域の環境と結びつき、その地域一帯の文化を形成しているような産品とが、「特産品」「地場産品」という言葉で同様にくくられてしまう現状がある。

経済性だけを考えれば区別はなくてもよいのだが、風景も含めて統合的に地域を良くしていこうと考えたとき、両者を区別する必要がある。しかし、ここが、授業で話をしていてもなかなか伝わらないのだ。

近年、柑橘の品種改良が進み、消費者の好みに合わせるような品種が次々と登場している。また、雑誌やテレビなどのメディアも、どれが美味しいとか比較し、その品種競争をあおっているようなところがある。その結果、たしかに味は美味しいものの、じょうのう（ミカンの房の皮）や砂じょう（房のなかのつぶつぶ）の皮が極限まで薄くなったような、少なくとも私にとっては全く生命力を感じない弱々しいミカンが「ブランド化」され売られている。

こういう話をしても、「地域の特産品をつくることがなぜダメなのですか」という質問が来る。地域の環境に即しているから特産品になっているものと、環境とは関係なく売れるよう開発したもの、両者が違うということが伝わっていないのである。これは、学生の問題というよりは、私の説明の問題だ。ある視点で見れば全く異なるものを、明確に説明できていないのだ。

学生に「地域の環境に即してつくられたものを表現できる名前があれば、もっとわかりやすくなるかも

写真4−6｜鹿児島県長島町の汐見の段々畑

ね」などと言っていたら、先に引用した陣内の本に「テリトーリオ産品」という言葉が出てきた。[*10] まさにこれである。テリトーリオ産品という呼び方はその考え方とともに、もっと広まってほしい。

日本の地理的表示にも、テリトーリオ産品とそうでないものがある。テリトーリオ産品はもっと地域の環境とのつながりをアピールすることで、単なる「特産物」ではなく、地域の空間的な広がり、文化との結びつきを強調することができるのではないだろうか。

日本のテリトーリオ産品を少し紹介してみよう。一つ目は鹿児島県長島町のジャガイモである。２０１０年に車で九州南部を旅行していたとき、海に面したところに段畑が広がっているのをたまたま見かけた。石積みの段々畑が幾層にも重なっており、あまりにも素晴らしいので、車を停め、しばらく散策した［写真４－６］。

ここは水はけのよい赤土で、潮風が常にミネラルを運んでくるため、味の濃い美味しいジャガイモになるそうだ。地理的表示の登録はされていないが、まさしくテリトーリオ産品だと言えるだろう。

二つ目は、本書に何度も出てきている木頭ゆずである。徳島県の南部に、那賀川という川があり、その流域に那賀町がある。那賀町の最奥、那賀川の上流部に木頭という地域があり、そこでつくられているゆずだ。この地域は剣山（つるぎさん）系の南部に位置していて標高が高いため寒暖差が激しく、また、南からの雨雲が剣山系にぶつかるため雨が多い。この条件が、香り高いゆずの生産に関係しているようだ。

地域の人びとはゆずの果汁を絞ってお酢として利用している。これを「ゆず酢」と呼んでいる。序章でも触れた、ゆず酢を利用したちらし寿司「かきまぜ」は絶品だが、酢の物にしても最高である。

那賀町のなかでも木頭の人たちは米酢を使わずにゆず酢だけでお寿司をつくる。そのため秋の収穫期にまとめて絞って一升瓶に入れておき、一年を通じて使っている。木頭ゆずという品種のゆずは、那賀町の最奥の木頭地域だけでなく、もう少し下流域でも栽培されているが、下流のほうに行くと、酢飯に使う米酢の割合が少し増える。また、一升瓶に入れたゆず酢は冷蔵庫に入れておかないといけないらしい。木頭地区のものとやはり品質が違うためか、発酵して瓶が爆発してしまうのだという。

地域の環境と結びつき、食文化も形成している。これもまたテリトーリオ産品である。

ローカル認証で地域をつくる

本章では、地域を良くするために、農産物の価値を伝える話をしてきた。ヨーロッパで盛んなＧＩ認証は、地域との結びつきを証明する認証であるが、先にも少し説明したように、ＥＵではすでに環境保全型農業が浸透しており、地域と結びついている農産物が売れれば、地域は良くなると考えてよい。農産物が売れたとしても、それによって地域に環境負荷がかかる可能性のある日本とは異なる。

一方で、地理的表示があまり盛んではないアメリカでは、ローカル認証というものがある。ローカル認証を紹介している大元鈴子によると、流通を規模で考えた場合、いわゆる大量生産、大量消費の流通の経路が長いロング・フード・サプライチェーンに対し、ファーマーズマーケットやCSA（Community Supported Agriculture、地域支援型農業）のようなショート・フード・サプライチェーンがあるという。そのほかに、中規模の流通としてValue Based（価値に基づく）フード・サプライチェーンがあると述べている。大元はこれをローカル認証と呼んでいる。[*11] 地域資源を活用した生産活動が、地域課題の解決を後押しすることを可能にする流通の仕組みだという。その例として、たとえばコロンビア川流域の「サーモン・セーフ」では、サケが遡上してくる環境を守るためのさまざまな取り組みが認証の対象になっていることが紹介されている。

先にも述べたように、農業政策のベースが環境保全型ではない場合には、地域との結びつきを証明するだけでは、その農産物の販売によって地域が良くなることは保証されない。しかし、ローカル認証のように、個別の地域で、それぞれの地域の価値や課題解決を内包した認証という手法もあるのである。

大元は、このローカル認証について、明確な根拠が必要であると主張している。どのような生産が地域の環境を守り価値を高めるのかが、明確になっている必要があるということであろう。認証マークをつけることを「ブランド化」と直結させてしまうのとは対極的な考え方である。

ここで、石積みの研究をしているフランスの専門家Ada Acovitsióti-Hameauが興味深いことを述べているので紹介したい。段畑での農業は土地の持続可能な使い方を教えてくれるという研究のなかで、段畑を残していくには環境と人の営みの関係についての根拠あるデータを示すことが重要であると述べている。「段畑でつくられたブドウのワイン」というと消費者は、苦労してつくったんだろうとか、希少性があるなどの解釈をする。その解釈どおりの事実がある場合もあるが、消費者はその事実を知っていてそう解釈しているのではなく、多くはなんとなくそう思っているだけである。そうした根拠に基づかない感情的な価値は「イリュージョン」であると彼女は言う。イリュージョンはいつか消えてしまうため、イリュージョンが効いているうちに、明確な価値を提示する必要があると述べている。[*12]

ブランド化もそれが単なる雰囲気であればイリュージョンにすぎない。たとえば、日本でも「棚田米」をブランドとして売り出しましょうということがあるが、なぜ棚田米が良いのかという提示がないまま「美味しそう」とか「珍しい」などの消費者の解釈に頼っていることは多いだろう。そうした消費者の「感情的な価値づけ」が、購入意欲につながっていることは確かなので、それが効いているうちに、地域や環境への貢献などを明確に示しつつ、価値観の転換を促すことが必要なのだと気づかされる。

注

＊1 『広辞苑第7版』、岩波書店、２０１８

＊2 Consorzio del Formaggio Parmiggiano reggiano, "Parmigiano Reggiano, a work of art", 2010

＊3 地理的表示と品質保証 https://agriculture.ec.europa.eu/farming/geographical-indications-and-quality-schemes/geographical-indications-and-quality-schemes-explained_en（２０２３年5月28日閲覧）

＊4 Fabien Santini et al., "Labelling of agricultural and food products of mountain farming", JRC Scientific and policy reports, 2013

＊5 地理的表示保護（GI）制度について https://www.maff.go.jp/j/shokusan/gi_act/outline/attach/pdf/index-1.pdf（２０２３年5月28日閲覧）

＊6 地理的表示保護制度の運用見直し https://www.maff.go.jp/j/shokusan/gi_act/outline/attach/pdf/index-24.pdf

（２０２３年5月28日閲覧）

＊7　Marcello Calzolari, "Musei da Gustare", toriazzi editore, 2012

＊8　"Quaderno didattico N.3 Parmigiano Reggiano", Associazione dei Musei del Cibo della provincia di Parma, 2008

＊9　木村純子、陣内秀信、『イタリアのテリトーリオ戦略』、白桃書房、２０２２

＊10　木村純子、陣内秀信、『イタリアのテリトーリオ戦略』、白桃書房、２０２２

＊11　大元鈴子、『ローカル認証』、清水弘文堂書房、２０１７

＊12　Ada Acovitsióti-Hameau, Terraced territories: technical act and social fact, "Terraced Landscapes Of the Alps - Atlas", Marsilio, 2008

第二部

日本の風景を振り返る

第5章

工業化社会の進展が過疎地域を生み出した

2022年4月1日現在で、全国の市町村の半数以上が過疎地域となった。他方で2020年現在、全人口の半数以上が三大都市圏に住んでいるという。このアンバランスな状況の背景にあるのは何なのか。都市と地方の〝関係〟から考えてみよう。

過疎の現状――都市部への人口の偏り

「日本の農村は過疎化が進んでいる」「過疎を何とかしなければならない」という話はよく耳にする。過疎とは、漢字の意味からすると「疎ら（まばら）過ぎる」ことの意味で、農村の過疎の話をするときは、人口が過度に減少していることを指すのが普通である。このように人口減少という現象を表現する言葉として使用されることも多いが、一方で、法的に位置づけられた「過疎」もある。

過疎に対する法律が初めてつくられたのは1970年で、「過疎地域対策緊急措置法」が10年間の時限立法で制定され、その後、10年ごとにつくり替えられている（基本的に10年ずつだが、2000年につくったものは2009年度までだったものを2020年度まで延長）。それらをまとめて「過疎法」と呼んでいる。過疎法では人口が減少した地域に対して財政措置などの特別措置を行なうことが定められている。法の対象となる地域を明確にしておく必要があり、過疎法で過疎地域の定義を定めているのである。

定義にはいくつかのパターンがあり複雑である。簡単に説明すると、人口減少率、高齢者比率、若年者比率などからなる人口要件と財政力要件の組み合わせで決まる。つまり、財政力が低く、人口減少が著しい地域、あるいは人口減少はそれほどではなくても高齢者比率が高い、もしくは若年者比率が低い地域が過疎地域とされる。

なお、この要件に該当しているかどうかは、基本的には市町村という基礎自治体ごとの集計で判断されるが、市町村合併をした場合には「みなし過疎」や「一部過疎」という特別な措置もある。こうした定義に基づく過疎地域は、総務省の調査によると年々増え続けている。2022年4月1日時点で、1718の市町村のうち885市町村が過疎地域となり、法的な過疎の定義が出来てから初めて、過半数の自治体が過疎地域になった。

それらの過疎地域を面積、人口の割合でみると、面積でいえば、総面積は国土の総面積の63・2％となっている。しかし、そこに住む人口は全人口の9・2％である（2022年4月1日現在）[*1]。いかにもバランスが悪いことがわかる。

このバランスの悪さについてもう少しみてみよう。過疎地域とは逆に都市的地域を表わすのが「人口集中地区」である。これは市町村単位ではなく「基本単位区」ごとのカウントになる。基本単位区とは、国勢調査で用いられている地域単位で、原則として一つの街区のことである。2020年の国勢調査によると、人口集中地区は国土総面積の3・9％で、そこに人口の70・0％が居住しているそうだ。[*2] 初めて人口集中地区が設定された1960年には人口割合で43・7％だったが、1970年には50％を超えたということなので、年々、都市部に人口が集中してきていると言える。

バランスについてさらにみてみると、2020年現在、三大都市圏に51・8％の人口が住んでいるそうだ。[*3] 三大都市圏とは、関東、名古屋、関西圏のことで、都心への通勤・通学など人の動きをベースに決められている。したがって、この地域にも過疎地域は含まれている。そのため、過疎地域と簡単に対比できるものではないが、少数の大都市やその周辺に人が集まっているということは言えるだろう。

このように、過疎地域が広がる一方、市街地部、特に大都市圏に人が集まりつつある傾向がみてとれる。

農村から若者が出て行った

ところで、このように広がりつつある過疎はいつから始まったのだろうか。先にも述べたように、過疎対策として過疎法が初めて制定されたのは約50年前の1970年である。しかし過疎につながる現象は、実はもっと前からある。日本の都市と農村の変化について論じた田崎宣義は、古くは明治中期の1900年前後には農村の若者が都市に流出しており、それが「問題」として報じられていたと言っている。

若者が都市に流出した要因は、第二次産業の発達によって都市部の労働力需要が高かったこと、教育や文化面で都市と農村の格差が大きくなって若者にとって都市の魅力が増したこと、それが台頭してきたマスメディアなどによって広く知られるようになり、都市に憧れる若者が増えたことがあげられている。[*4]

ただし、それで農村人口が減ったという単純な話ではない。表5―1は1910年から1940年まで

表5－1｜農林漁業就業者の構成割合*5

年	全産業（千人）	第一次産業		第二次産業（千人）	第三次産業（千人）
		（千人）	（%）		
1910	25,264	15,308	60.6	4,262	5,697
1915	26,123	15,112	57.8	4,846	6,166
1920	27,206	14,724	54.1	5,858	6,624
1925	28,301	14,381	50.8	6,105	7,815
1930	29,620	14,722	49.7	6,166	8,745
1935	31,645	14,999	47.4	6,694	9,952
1940	32,996	14,401	43.6	8,604	9,991

の産業別就業者数と第一次産業従事者の割合であるが、この表を見ると、第一次産業従事者の数はそれほど減っていないことがわかる。ただし第二次、第三次産業の従事者数の伸びが激しく、割合として第一次産業への従事者が減少している。こうした就業構造の変化を田崎は「農業国から工業国への転換」が起きたと指摘している。つまり、過疎の前段階として、就業構造の変化があったのである。

では、実際に農村の人口が減少したのはいつかというと、戦後の高度経済成長期である。1955年に1489万人だった農業者人口は、1975年には672万人と半数以下になった。*6 集団就職に代表されるように、この時期、主に地方の農村部から多くの若者が大都市圏に出て行った。

集団就職とは、1950年代後半から60年代前半にかけて、地元から組織的に斡旋を受けるなどした農村部の若者が、集団的に都会に出てきて就職をした現象である。就職先は工場や商店であった。商店も個人商店が多く人手を必要としたし、工場もまだオートメーション化が進んでおらず、多くの労働力を必要としていた。地方から上京するために臨時列車なども出されるほど、多くの人びとが集団就

足どりも軽く……
仙台から・中卒の集団就職第一陣

○…二十日朝五時すぎ、中学新卒者の集団就職の第一陣を乗せた臨時列車が上野駅に着いた。宮城県から着いた一千五十人でほとんどが工場、商店の住み込みだという。去年は都内への集団就職は九千人ほどだったが、ことしは優に一万をこす見込み。給料も好景気の波に乗ってよくなっているそうだ。

○…一行はひとまず台東区立下谷小の校庭に勢ぞろいし、都や職安別に組分けされたのち職安の係員や求人側の出迎えに案内されて、足どりも元気にまだ人影もまばらな街の中に散って行った。

職安の出迎えを受けて上京した宮城県の中学卒業の就職者たち＝上野駅で

写真5−1｜集団就職を伝える記事（朝日新聞1957年３月20日夕刊）

職で上京した［写真５−１］。

このころの秋田県における集団就職を調査した橋本紀子によると、集団就職の多くは中学卒業の若年者であり、農村部の二男、三男であったという。１９５０年代後半には県内には求人がほとんどなく、一方で県外からの求人が増えはじめていたために、県が京浜地区に駐在員を置いて就職先の開拓を行なっていたそうだ。その結果、県外への就職がかなり増え、たとえば１９６１年には県内の求職申込件数５６７２件に対し、他府県からの求人数が２万９５８件もあった。就職者のうち８割以上が県外に就職したそうだ。こうした県外の就職が増えたため、秋田県では１９５６年をピークに人口が減少しはじめたという。１９６０年代初頭には県内の求人難が問題視されるようになり、１９６４年には秋田県が若年労働者の県外流出防止対策に乗り出したとのことである。[*7]

戦後のベビーブームは１９４７年から１９４９年であり、そのころに生まれた人びと、いわゆるベビーブーマーが中学を卒業するのが１９６０年代初頭である。急増する若年労働者を就職させるために、組織的に県外への就職を斡旋したと言える。ただ、「増えた人口」だけが県外に出たわけではなく、8割以上もの若者が県外に就職したこともあって、農村部の人口減少につながったようだ。

これは秋田県という1つの県の事例であるが、東北のみならず西日本からの集団就職もあった。他の農村も大なり小なり同じような状況だったのではないだろうか。

工業化のために農村の人口を減らす

これまでみてきたように、高度経済成長期の都市部における第二次産業、第三次産業は、農村の人口を吸収し、農村部の人口減少につながった。しかし注意すべきは、こうした現象が、完全に自由な市場経済において引き起こされたのではなく、農業や工業に対する国の意図も働いていたことである。

先に簡単に解説しておくと、戦後、日本政府は国の発展のために成長が見込める第二次産業を伸ばしたいという意向をもっていた。第二次産業を伸ばすためには、第一次産業も伸ばす必要があった。というのも、第二次産業だけが伸びると産業間の格差が出来、貧困を生むことになってしまう。そのため国としては、福祉的観点から、各産業をなるべく均等に伸ばすことが必要だったのである。

そこで本節からは、第二次産業を伸ばしたかった国が、農村をどうしようと考えていたのか、国がこの時期に立案した一連の経済計画からみてみよう［表5－2］。

まず、1955年に出された「経済自立五ヵ年計画」は1956年度からの5年間についての計画である。戦後のベビーブーマーが中学校を卒業する時期にきていたため、生産年齢人口（満14歳以上人口）が急激に増大することが予想されていた。1954年度から1960年度に至るまでに生産年齢人口は12・0％増えることが見込まれていたのである。何もしなければ失業者が大量に発生してしまうため、経済規

表5－2｜各種経済計画とその内容

年	経済計画、内容
1955	**経済自立五ヵ年計画** ・増加する就業人口を吸収するための経済規模拡大が目標 ・第二次産業、第三次産業の就業人口拡大のほか、第一次産業でも4.4%の増加を見込んだ
1957	**新長期経済計画** ・経済の急成長を受けて、前計画をつくりなおしたもの ・工業部門の大幅な成長を目指した ・農業部門の「不完全就業者」を解消するため、農業者を6年間で5%減らす計画とした
1960	**所得倍増計画** ・完全雇用の達成と国民生活水準の向上および、農業と非農業間等、各種の格差を是正することを目指した ・10年間で農業者人口を30%減らす計画で、それによって、工業部門と同等の労働生産性増加率を達成しようとした ・農業者人口を減らすために、農業を近代化し「自立経営農家」を増やすことが謳われた
1967	**経済社会発展計画** ・「各種の不均衡」を是正しながら経済発展を行なうことを目的とした ・この時点で農業者人口は目標よりも速いスピードで減少していたが、「自立経営農家」を増やすという方針は維持した ・その理由は、物価の高騰などが問題となっていたため、さらなる農業の効率化が必要だったため

模を拡大して雇用を増やすことが、この時期の最重要課題であった。雇用拡大を目指して計画されたのがこの計画である。

計画では、増加が予想される生産年齢人口を吸収できるよう、各産業部門で経済規模を拡大する計画を立てたが、工業などの基幹産業では効率的な経営のため、生産性の向上をはかることも必要であった。そのため、経済規模の拡大がそのまま雇用拡大に反映できるわけではなかった。経済規模拡大と生産性の向上を勘案して導き出された就業人口の拡大は、第二次産業で17・9％、第三次作業で20・0％とされ、第一次産業でも4・4％の増加を見込んでいた。こうした就業人口の拡大計画は、工業などの基幹産業では、経済成長そのものが第一の目標であり、それに付随して就業人口も増える予想のもと算出されたが、その他の産業部門ではむしろ、増大する生産年齢人口を失業させないための「雇用吸収」の意味があると説明された。[*8]

一方で、2年後の1957年に制定された「新長期経済計画[*9]」では、農業の経済規模の拡大に加え、一転して農業者人口の減少がはかられる。本計画は1955年の前計画（経済自立五ヵ年計画）の予想に反して経済が急成長したことから計画をつくりなおしたものである。新しい計画では、1956年度からの6年で経済規模として、重化学工業部門では82％、軽工業部門における拡大率は36％を見込むなど、工業の大規模な発展を目指していた。

農業についても21・5％の増加をはかっていた。年当たりにすると拡大率3％となるが、これはかなり厳しい目標であると述べられていた。というのも、一般的に農業で産業規模を拡大するのは難しいのである。それは、農地を急激に増やすことが難しいことに加え、一人ひとりが食べる量もそんなに変わらず、消費を増やすことが簡単ではないからである。

そのため本計画では、「食糧構成の高度化」によって第一次産業の規模拡大をはかろうとした。この時代は、戦後の食糧難を終え、食がある程度充足するようになってきた時代でもあり、動物性の食品からたんぱく質をとるようになってきていた。そこで、畜産に力を入れることで経済規模拡大をはかろうとしたのである。

ただ、それだけでは急成長を遂げる他産業と、生産性の面で差がついてしまう。実際この計画では、農業従事者のなかには「不完全就業者」が多いとも書かれている。「不完全就業者」とは、一般的には就業が不安定で半失業状態にあることを指す。十分に働けておらず、所得が低いことを意味する。

この解決のためには、通常は産業規模を拡大して雇用の増大をはかることが解決になる。しかし先に述べたように、農業では経済規模の拡大が難しい。そこで1人当たりの仕事や所得を増やすために就業者を減らすことが解決策になり、農業者人口を減らすことが計画されたのである。1956年の1730万人から6年で5％の減少を計画した。

具体的には、農業機械の普及や土地改良も行なって、それまでより少ない農業者人口で経営できるようにし、生産性を上げて1人当たりの所得を増やす計画であった。

計画の付録についている農林水産部会の報告では、「最近第一次産業部門の労働生産性は、鉱工業部門の急速な発展、とくに重化学工業化の進展に伴う生産性の急激な上昇と比較した場合、その立ち遅れは顕著なものがある」とし、生産性を向上させて「他部門との生産性をバランスのとれたものにしなければならない」[*10]と書かれている。農業の生産性と農家所得の向上が、工業部門との関係のなかで不可欠と考えられていたことがよくわかる。

農業の近代化へ

経済発展がまだ続いていた1960年12月には、所得倍増計画[*11]が発表された。これは国民総生産を倍増して雇用の増大による完全雇用の達成と国民生活水準の向上をはかることを目的としたものである。計画の冒頭につけられた「国民所得倍増計画の構想」には、「とくに農業と非農業間、大企業と中小企業間、地域相互間ならびに所得階層間に存在する生活上および所得上の格差の是正につとめ、もって国民経済と国民生活の均衡ある発展を期さなければならない」と記されている。ここでも格差の是正が重要であるとされている。

農業者人口の減少も引き継がれた。本計画では、第一次産業の就業者を、基準年の1960年に1645万人だったものを目標年の1970年に1154万人に設定し、30％という大幅な削減を計画した。その減少分の半分以上は労働力の不足が予想される非農業部門に移動することが想定されていた。それによって「農村人口の流出は進められるであろう」と農村からの人口流出を期待する文言も見られる。前の計画（新長期経済計画）と同様、第一次産業の就業人口を減らすことで他産業と同様の生産性向上を目指し、これによって格差是正をはかろうとした。具体的には表5―3にあるような検討がされていた。数字上、生産性の向上率が産業間で等しくなっていることがわかる。

第一次産業就業人口30％減という大幅な削減を補うのは、機械化や大規模化であり、これは「農業の近代化」と呼ばれた。計画には、農業の近代化推進のために、農業基本法を制定すること、農業生産基盤整備のための投資、農業近代化のための投融資を積極的に行なうことが記されていた。実際、翌1961年には農業基本法が制定され、農業の「近代化」が本格的に始められた。
詳しくは6章で説明するが、農業の近代化として奨励されたのは、農業機械の導入や、機械が使いやすいように、小区画の農地を整理して大規模な農地に転換することなどであった。

農業の近代化つまりは農業基本法の目的は、それまでの小規模な農業から脱し、少人数で大規模な農地を管理し、農業だけで家計を賄える「自立経営農家」を増やすことにあった。しかし実際には、土地価格の上昇などから「売り控え」が起こり、少数の農家が大規模経営をするという状況にはならなかった。むしろ、機械化によって余った労働力を他の労働に向けるようになり、兼業農家が増えることとなった。図5―1は、農家数の推移であるが、農業外の所得のほうが多い第二種兼業農家が増えているのがわかる。兼業農家が悪いわけではないが、政策で目指したところとは異なる結果になったのである。[*12]

1967年には、新たな経済計画「経済社会発展計画[*13]」が出された。これは、高度経済成長によってもたらされた「各種の不均衡」を是正しながら経済発展を行なうことを目的としていた。飛躍的に経済成長を遂げたものの、都市化の進展による住宅不足や混雑などの都市問題、物価の高騰、労働力人口の減少が問題とされるようになっていたからである。

労働力人口の減少は特に農村で著しく、農業者人口は、1960年以降の年平均減少率は3・7%となり、所得倍増計画で目標としていた2・8%を上回る速さで減少していた。また、学校を卒業したての新規就農人口は、1955年が26万人、1960年が13万人、1965年が6万人と急激に減少していき、農業従事者の高齢化率は1960年に18%だったものが5年後には22%にまで急上昇した。こうして、農業者人口のさらなる減少が予測されるようになっていた。

しかし、それを契機に「農業者人口を増大させましょう」と方針転換したわけではなく、計画では農業

表5−3 ｜ 労働生産性・就業者増加率・成長率（単位：％）*14

産業別	成長率	就業者増加率	1人当たり 労働生産性増加率
第1次産業	2.8	−2.8	5.6
第2次産業	9.0	3.5	5.5
第3次産業	8.2	2.7	5.5
運輸・通信公益事業	8.8	3.2	5.6
全産業	7.8	1.2	6.6

注：基準年次からの年率

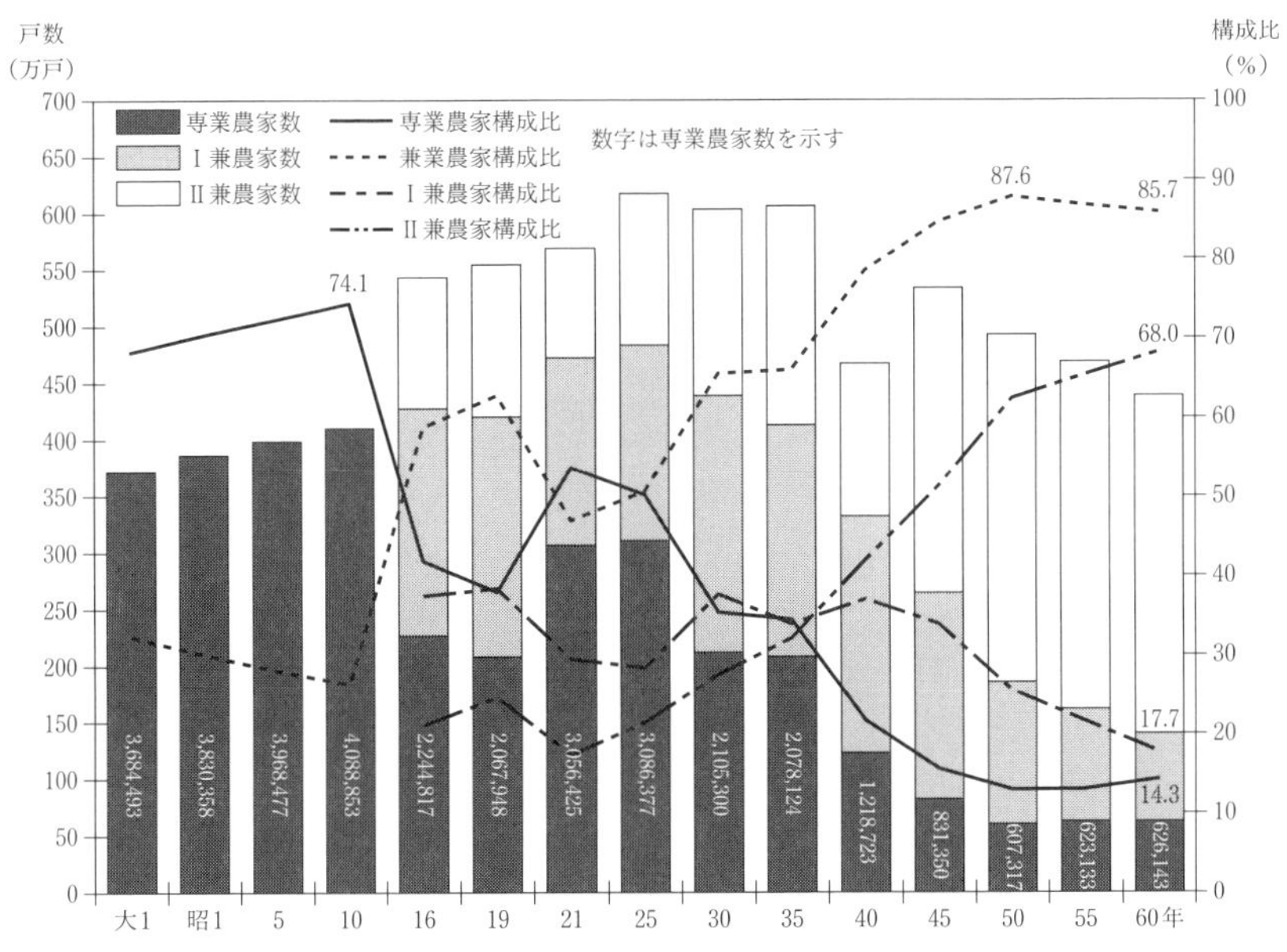

資料：加用信文監修、農政調査委員会編『改定・日本農業基礎統計』昭和52年、農林統計協会発行
農林水産省『各年次農（林）業センサス』（昭和55年、60年）による

図5−1 ｜ 専兼業別農家数の推移*15

をさらに「近代化」することとした。この計画では、農業者人口の具体的な数値目標は示されなかったが、自立経営農家を増やすという基本路線は維持していたため、農業者人口の減少を目指していたと言うことができるだろう。

農業者人口が減っているにもかかわらず路線を変更しなかった理由は、もう一つの問題だった物価の高騰であった。１９６０年代に入ってから、年平均６％を超える上昇率で物価が高騰しており、その大きな原因が農産物の値上がりだったという。

そのため、経済社会発展計画では、農業の生産性をさらに向上させて生産額を抑え、農産物価格の上昇を防ぐこととした。そのために、農業基本法（１９６１年）とそれに基づく農業構造改善事業をさらに推進すること、および前年の１９６６年に野菜の価格を安定させる目的で制定されていた「野菜生産出荷安定法」（６章で詳しく説明）を具体化して推し進めていくことが同計画では謳われていた。

以上のように、１９５０年代後半から１９６０年代後半にかけての10年ほどの経済政策においては、主に工業部門の経済発展を目指しつつ農業部門との経済格差を解消するため、農業部門の生産性も引き上げようとしていたのである。工業の発展にとって足手まといにならないように、農業の近代化がはかられたといえる。その後、工業化、都市化が進展して、物価上昇という問題が新たに出てくると、都市住民に安定的に食を提供するために、農業のさらなる効率化が必要とされるようになった。

つまり、工業を中心とする経済成長社会を実現するため、農業や農村のあり方が規定されてきたのである。そしてその過程で、積極的に農業者人口を減らす政策をとってきたのだ。

農村間の格差から僻地山村の過疎へ

先に述べたように、最初の過疎法ができたのは1970年である。しかしその直前まで、農村の人口を減らそうとしていたことは確認したとおりである。では、「過疎」を問題視する視点はいつごろどのように出てきたのだろうか。

1967年の「経済社会発展計画」では、農村を対象とした政策も提言されたが、それは都市的な生活水準にするために農村の再編成が必要だという話であった。この時点ではまだ、農村への対策＝過疎対策という認識ではなかった。

一方、過疎については、萌芽的なものとして次のように言及されていた。

また近年人口流出の激しい地域では、人口の希薄化と老令化に伴い、たとえば医療活動、教育、防災等の地域社会の基礎的生活条件の維持に支障をきたすような、いわゆる過疎現象は、その進行に遅速の差はあるにせよ、僻地農山漁村にとどまらず、次第に広まる可能性がある。このような過疎地域は、農漁業にとっていわば限界的生産地であることが多く、単なる生産確保対策や地域住民の生活水準の低下防止のための社会保障的対策が行われたとしても都市へ向かっての流出誘因の大きい40年代において、基本的にその発生を阻止し得ないであろう。

当時、経済企画庁にいた長瀬要石は、この計画の中間報告のなかで使った「過疎」という言葉を、過密に対置する言葉としてつくったものだと述べている。[*16] 都市化の進展による過密の問題が先にあり、その後、農村の人口が減少していく現象が認識されるようになって、過密の対義語として「過疎」という言葉があてられたということだ。しかし過疎現象への着目はまだ、農村一般の話ではなく、「僻地農山漁村」「限界的生産地」に限られた話であった。

経済政策とは別の分野では、1960年ごろから山村の開発が遅れていることが課題として認識されており、1960年には山村地帯の市町村長が奥地山村を対象とする特別法を制定するよう決議している。それを受けて議論が進み、1965年に「山村振興法」が成立した。山村振興法が制定されるさいの衆議院農林委員長代理による提案理由には、次のような文言がある。

山村が、その経済的、文化的諸条件から、きわめて後進的な地域におかれていることは、すでに周知のとおりでありますが、とくに最近、国民経済の急速な進展に伴い、ますますその立ち遅れが顕著となってきております。

すなわち、大都市およびその周辺地帯を中心として産業の発展、生活文化水準の向上はめざましく、また、平地農村地帯においても、農業構造改善事業の実施等を通じ生産性の向上、所得の増大等の目標にむかって着実な前進のあとがうかがわれるのに対し、ひとり山村においては、その産業の基盤および生活環境が劣悪であるため、人口の流出と地域社会の機能の低下の悪循環を続けているのであります。[*17]

経済発展に伴って都市に資本が集中するなか、農村と都市との地域格差が顕著になったこと、さらには農業の近代化事業によって1960年代半ばには平地の農村と山村に格差が生じはじめていることがうかがえる。そのことが、1967年になって経済社会発展計画でも言及されたという流れだ。

つまり、日本が工業化に突き進むなかで工業部門の成長に歩調を合わせるため、さらには都市の住人の胃袋を賄うために農業の「近代化」を行なった結果、平地が少なく効率化しにくい山間地域から過疎が進行していったのである。

1章で紹介したイタリアの「農村振興のための国家戦略計画（PSN）」には、工業的農業に向かなかった山間部で過疎化が起こったと書かれていたが、日本でも同じことが起こっていたのである。

過疎法では「近代化」を目指し続けている

ここで、もう一度過疎法に立ち返ってみたい。1970年に制定された過疎地域対策緊急措置法では、次の四つが実施されることとされた。

1. 道路その他の交通施設、通信施設等の整備
2. 学校、診療所、老人福祉施設、集会施設等の整備
3. 農道、林道、漁港等の産業基盤施設の整備、農林漁業経営の近代化、企業導入の促進、観光の開発
4. 基幹集落の整備

特に3番では、産業基盤施設の整備、農林漁業経営の近代化が謳われている。農業構造改善事業では、

効果の出やすい平地を中心に事業が行なわれたが、過疎法による事業では、過疎地域（効果の出にくいとされていた中山間地域）にも「産業基盤施設の整備」「農業の近代化」を推進しようとしたのである。

こうしたハード整備を中心とする目標は、その後、10年ごとにつくられるすべての過疎法で引き継がれている。最新の過疎法である「過疎地域の持続的発展の支援に関する特別措置法（２０２１〜２０３１年）」でも、「近代化」という文言が使われている。

１９７０年に最初の過疎法が施行されたさい、自治省（現：総務省）によって法文の解説[*18]が行なわれた。人口減少によって生活水準や産業水準を維持することが困難になっている問題があるとの説明の後、次のような説明が続く。

しかも、この人口減少は、主として新規学卒者を中心とする若年労働力の流出、青壮年層の出稼ぎ等として現れるため、農林漁業等産業の発展を妨げ、さらに市町村の財政力の低下を伴って環境施設の整備を遅らせ、一層人口の減少に拍車をかける

まず、人口減少が発生しており、それが生活水準の低下と、市町村の財政力の低下による生活基盤整備の遅れを引き起こすと言っている。つまり、生活基盤整備の遅れは結果として生じているとされている。過疎法がハード整備中心であることを考えると、過疎法は根本的な解決を目指すものではなく、「結果」への対応であったといえるだろう。

過疎法がハード整備（インフラ整備）を中心としているという点について、当時もこれを問題視する声はあった。北海道新聞の記者であった本多貢は、過疎対策が結局インフラ整備にしかなっていないことを

「総都市化」であると批判的に述べている。[19]

インフラ整備で何とかしようという根底には、過疎地域が「全国的な都市化から残された地域だから、立ち遅れた道路や住宅など都市的施設の建設を国や府県が金の面で手助けしてやれば良い」という考えがあると指摘している。それは、効率化という単一の価値観でしか地域を見ていないということだと言い、そうではなく「捨て去るには惜しい財産が、過疎とされる地域に長く残されているはず」だと本多は言うのである。

これが同じ国の省庁である建設省（現：国土交通省）の広報誌「建設月報」に掲載されていたのも興味深い（その意図は不明であるが）。こうした批判があることは自治省でも把握していたようで、次のように説明している。

もともと過疎現象が全国的な地域社会の基盤変動によって生じた現象形態である以上、国土の均衡ある発展と人口、産業の適正配置をめざす抜本的な過疎対策は、過密対策ないしは、より広い都市対策と並行し、いわば広義の地域政策の一環として実施されるべきであろう。そのためには、具体的には新全国総合開発計画にいう、全国にわたる交通通信ネットワークの形成、地域的な特性を生かした産業開発、環境保全の大規模プロジェクトの実施、広域生活圏（広域市町村圏）の整備等による地域問題解消の一環として考えられる必要があるが、その間、すでに過疎現象を生じている又は生じつつある地域については、地域社会の基盤および市町村行政を崩壊させないための緊急措置が必要であり、この法律は、題名の通り、まさにそのカンフル注射の役割を果たすものと考えられたのである。[20]

要するに、根本的な解決には時間がかかるから、起爆剤として公共事業を行なうという意味である。ハード整備を中心とする過疎法が、根本的な解決策ではないということは自治省自身、認識していたのである。しかし、その後のすべての過疎法でハード整備を中心とする対策は引き継がれている。10年の予定だったカンフル注射を、すでに50年以上打ち続けているのだ。

それでも問題が解消していないどころか過疎地域は増え続けている。そろそろ生産性、効率化という単一の評価基準から抜け出し、地域の個性を発揮する方向に舵を切る必要がある。[*21]

農業環境の不利条件の改善

過疎は従来住んでいた人が減り、いままでの生活水準を維持できなくなるのであり、当初から生活に不便なために人が多く住まなかったのは「辺地」なのである。現在でも、ややもすれば「辺地」と「過疎」の混同が生じ勝ちである。


先に引用した本多が、記事内で述べていることである。ここでの「辺地」は農業における用語では条件不利地域と呼ぶこともできる。たしかに、過疎地域、あるいは一般的に過疎地域であることの多い中山間地域は、条件不利地域であると言われることがあり、現在でも混同されていると言えよう。ここでは、「条件不利地域」が意味することについて考えてみたい。

中山間地域等に対する支援策を振り返ってみると、1952年、棚田や段畑などの条件不利地域の労働環境を改善する目的で「急傾斜地帯農業振興臨時措置法」が制定された。当時の農業政策としては1949年に制定された食料増産を目的とした「土地改良法」があったが、急傾斜地帯農業振興臨時措置法はそれとは目的が異なっていた。法制定の契機になったのは、愛媛県南予地方の急傾斜地農業の過酷さを訴える請願であり、言ってみれば条件不利地対策であった。議員立法で策定された法律であるが、制定にあたっては数々の反対意見もあり、議会提出まで3年かかったといわれている。[*22] 当初、5年間の時限立法として制定されたものが期間を延長しながら20年間続けられた。本法による「急傾斜地」の定義は、土壌の傾斜度や土壌侵食度で決められ、九州、四国、中国地方を中心とした多くの地域が指定の対象となった。事業としては農道や荷物用の索道（ロープウェイ）、排水路などの整備が行なわれた。

1956年には5年間の第一期事業の成果を検証するため、6か所の地域を対象に生活の変化などをヒアリングにより調査し、報告書が作成された。[*23] たとえば和歌山県海草郡下津町旧仁義村は海に面する斜面に段畑があり、柑橘が主産業の地域である。平均傾斜度20～25度で、最高で40度の地域である。仁義村では、この事業で400mほどの運搬用の索道を19本設置した。それまでは収穫した柑橘を肩でかついで人力で運んでいたために、1日7回、85貫くらい（約320kg）しか農地からの搬出ができなかったものが、30回、450貫（約1700kg）も運べるようになったそうだ。

また、それまでは肥料の運搬もきつい労働であったため効率のよい化学肥料に頼っていたものを有機由来の肥料に切り替えることができたという。報告書では、「化学肥料連用、多用により土壌の劣悪化が著しかったが、これが防止され、地力維持の効果大なるものがある」と書かれている。そのほか、それまで収穫時期には摘果運搬のための労働力を雇い入れていたのが必要なくなり、生産費削減に役立ったそうだ。こうした成果から、急傾斜という不利な条件を、ハード整備で克服したことがよくわかる。

そのほか同時期に、「積雪寒冷単作地帯振興臨時措置法」（1951年）、「湿田単作地域農業改良促進法」（1952年）、「海岸砂地地帯農業振興臨時措置法」（1953年）、「畑地農業改良促進法」（1953年）など農業用地の改善を目的とする時限的法律が次々と制定された。これらは特定農業地域法と呼ばれ、いずれも、農業環境条件で地区が定義された。たとえば、畑地農業改良促進法では灌漑施設の有無や地下水位、降雨量で定義され、対象地域が決められた。[*24] 劣悪な農業環境条件を改善するために、農業基盤整備を行ない、農業環境を改善することを目的としていたといえる。

条件不利地域が相対的なものに変化した

その後、1962年には「辺地に係る公共的施設の総合整備のための財政上の特別措置等に関する法律」が制定された。これは、農用地に限らず集落に対象を広げ、電灯施設、道路、診療施設などの公共的な施設整備を支援するものであった。同法での「辺地」とは「交通条件および自然的、経済的、文化的諸条件に恵まれず、他の地域に比較して住民の生活文化水準が著しく低い山間地、離島その他のへんぴな地域」とされている。法制定の背景には都市との生活水準の格差があったこともあり、離島や山間地などの物理的条件に加えて、都市部との格差という相対的な尺度が定義に用いられている。

1965年には先述したように山村振興法が制定された。この法律で言う山村は、「林野率が高く、交通条件、経済的、文化的諸条件に恵まれず、産業の開発程度が低く、かつ住民の生活文化水準が劣っている山間地その他の地域として政令で定める地域」とされた。当時、農林水産省の用いていた地域区分での「山村」は、耕地率10％以下、林野率80％以上などの土地利用的特徴と住民の林業従事割合をもとに定義されていた。それに対して、この法律での「山村」は、都市からのアクセスや生活水準など相対的な定義が加えられた。

こうしてみてくると、政策の対象となる、いわゆる「条件不利地域」の定義には、二つの考え方があることがわかる。農業環境による定義と、他地域との比較による定義である。1950年代からの流れをみてくると、もともとは農業環境の条件や、明らかな山奥、離島といった条件によるものから、他地域との相対的関係が考慮されるようになっていったといえる。

この後にできた最初の過疎法（1970年）では、先述したように、土地の要件はなくなり、人口要件や財政力指数などの流動的な要件のみによって定義されるようになった。

本多の言うように、過疎地域と条件不利地域が混同されるようになってきた結果なのかもしれない。これはつまり、高度経済成長期の「近代化」「効率化」という価値観やそれを支える制度のもと、その価値観から外れる地域が「条件不利地域」と考えられるようになった、ということではないだろうか。制度や価値観からなる「社会のシステム」が変わったことで、どのような地域を良い地域とするのか、不利な地域と考えるのかが変化したのである。

しかし現在では、中山間地域等直接支払制度でも、棚田地域には生物多様性や洪水や土砂災害の防止、風景の保全などの多面的な機能があることが謳われている。持続可能な開発が重要であることは、すでに社会で共有されつつある。物事をはかる尺度は変わりつつあるのだ。環境や文化など、多様な価値ではかったときに中山間地域はどのように位置づけられるだろうか。「条件不利地域」が指すものについて再考してみる必要があるだろう。

蛇足ながら補足しておくと、もちろん、生活水準の格差は解消されるべきである。電気が来ているかどうか、まともな道路でつながっているかどうか、今でいえばインターネットが使えるかどうかのような生活環境の格差は解消されるべきである。そうした格差は「多様な地域性」とは別物である。

「近代化」「効率化」だけを価値軸とすれば、中山間地域はどうしても「条件不利地域」となってしまう。しかし、２〜４章で説明したように、評価軸が地域性や地域の環境に変われば、中山間地域は非常に有利な地域にもなりうるのである。

注

＊1　過疎地域のデータバンク　https://www.kaso-net.or.jp/publics/index/19/（２０２３年６月１日閲覧）

＊2　人口集中地区の概要　https://www.stat.go.jp/data/chiri/map/c_koku/kyokaizu/pdf/r2_gaiyo.pdf（２０２３年６月１日閲覧）

＊3　都市部への人口集中、大都市等の増加について　https://www.soumu.go.jp/main_content/000452793.pdf（２０２３年６月１日閲覧）

＊4　田崎宣義ら、『近代日本の都市と農村』、青弓社、２０１２

＊5　梅村又次、『労働力』、東洋経済新報社、１９８８をもとに作成。１９２０年までは内地の人口。

＊6　暉峻衆三、『日本の農業１５０年』、有斐閣、２００３

＊7　橋本紀子、「青年の社会的自立と教育」に関する社会史的研究、『『教育とジェンダー』研究』、６巻、２００５

＊8　経済企画庁、『経済自立５ヵ年計画（案）』、１９５５

＊9　経済企画庁、『新長期経済計画』、１９５７

＊10　経済企画庁、『新長期経済計画』、１９５７

＊11　経済審議会、『国民所得倍増計画』、１９６０

＊12　戦後の農地解放の後、その効果を維持するために１９５２年に農地の売買を制限する農地法が制定されたが、こ

れが緩和されたのが1967年であり、規模拡大して自立経営を増やす政策と矛盾していた。また、1960年に米価決定の方式が他産業との均衡を考慮する「生産費および所得補償方式」になり、農業者団体の要求もあって1967年までに政府の買い入れ価格は年平均9・5％上昇した。そのため零細農家であっても農地を手放して米を買うよりも自家用に栽培するほうを選んだ。農地の集約化が進まなかった理由には、このような複合的な理由があった。

＊13 経済審議会、『経済社会発展計画―40年代への挑戦―』、1967

＊14 経済審議会、『国民所得倍増計画』、1960

＊15 農業と経済編集委員会、『図で見る昭和農業史』、富民協会、1989

＊16 豊川斎赫、戦後国土計画の軌跡、「土木技術」、76（7）、2021

＊17 林業経営研究会、『山村振興と林業』、林業経営シリーズ2、地球出版、1965

＊18 片山虎之介、過疎地域対策緊急措置法および同施行令について、「自治研究」、46（6）、1970

＊19 本多貢、過疎対策は総都市化だけか、「建設月報」、22（11）、1969

＊20 片山虎之介、過疎地域対策緊急措置法および同施行令について、「自治研究」、46（6）、1970

＊21 2000年制定の過疎法「過疎地域自立促進特別措置法」からは「個性豊かな地域社会を形成すること」が目標に入れられているが、それを実現する具体的な方法は示されていない。

＊22 薬師神岩太郎、『段畑の夜は明けたり』、1952

＊23 急傾斜地帯農業振興対策審議会、『急傾斜地帯振興対策事業実態調査報告書』、農林大臣官房総合開発課、1956

＊24 『特定農業地域法の概要』、農林省振興局、1961

第6章

農業の近代化は何に対する「進化」だったのだろうか

日本の農業は戦後「近代化」の名のもとに大きく変わった。近代化の影響でいちばん大きかったのは、それぞれの土地で営まれてきた農業が地域の環境から切り離されたことであった。そして農村の風景も大きく変わった。近代化のもたらしたものが何だったのか、振り返ってみよう。

農村風景のイメージと実態

農村風景と聞いて、どのような風景を思い浮かべるだろうか。山を背後にして、少し傾斜が緩くなったあたりに民家が並び、その手前に農地がある、というような昔ながらの牧歌的な風景を思い浮かべる人も多いだろう。1章で引用したものの繰り返しになるが、農林水産省の「水とみどりの『美の里』プラン21」（2003年発表）でも、次のように農村風景を記述している。

自然の造形を背景とし、気候風土に適した形で農林漁業を営む中で編み出されてきた「生きるための技」や、人びとの生活の「息遣い」が感じられるような、それぞれの地域に固有の個性ある美しい風景が作られてきました。

それぞれの土地の環境に合わせて人びとが工夫して生業を行なってきた姿を、規範的な農村風景と考えていることがわかる。

しかしその一方で、現在、学生が思い描く理想の農村の風景はそれとは異なっているようだ。私は学内のランドスケープ系の演習授業に講評のために参加することがある。ランドスケープ系の設計演習課題では、近年の学生は環境の要素として農地を入れ込むことが多い。彼らは環境問題に非常に関心が高く、環境の豊かさのために農が欠かせないことも知っているからである。それ自体は素晴らしいのだが、そこで描かれる「良い風景」は、ほとんどの場合、長方形の農地が整列している。

こうした課題では、農村そのものをつくろうというわけではなく、都市の内部や郊外に農的な場所をつくろうとするものなので、彼らの思う「農村の姿」をダイレクトに反映しているわけではない。しかし「農地の姿」に限ってみても、どうやら彼らにとって農地は長方形のようだ。緩やかな曲線の等高線で描かれる斜面に、唐突に長方形の農地が並べられている。また、昔ながらの農村で農地の傍にあった柿の木なども なく、樹林地とは完全に分けられ、純粋に耕作地だけが描かれる。

そうした提案に触れるたび、今の若者にとっての農地のイメージは生産性に特化しようとして生まれてきた農地の姿なのだなと認識するのである。

写真6−1｜圃場整備された田んぼ

　前章で説明したように、1960年代に効率化を目指して農業基盤の整備が大々的に行なわれ、農地は機械が使いやすいよう大規模化し、形も長方形に整えられた[*1]［写真6-1］。水田に関しては30aを標準とすることが1963年に定められたのち、順次、圃場整備が進められ、1993年には整備率が50%を超え、2021年3月末時点で67・5%が30a以上の圃場として整備完了している[*2]。したがって今の若者が直線で構成された農村風景のイメージをもっているのは、むしろ実態を反映している。

　一方で、美の里プランでの牧歌的な農村風景の定義は、実態と合わなくなってきている。この定義は、それぞれの土地の環境に合わせて人びとが工夫して生業を行なっていることを前提としている。それは言い換えてみれば、風景をつくる当事者が、土地とそこに住む人びとという二者だと言っているのである。しかし、すでに見てきたように、農業の近代化を強力に推し進めたのは、工業の発展や都市の人びととの胃袋を満たすための国策であった。それぞれの土地とそこで農業を営む人という純粋な関係が、現在の風景に反映されているわけではない。

農業を動かすもの

農業のあり方は、農業者が決めているものではない——こう書くと驚かれるかもしれないが、これは私の思いつきでも根拠のない主張でもない。こうした話は、戦前期にすでに指摘されている。1936年に東畑精一が『日本農業の展開過程』のなかで述べているのである。東畑は農業経済学者で、この時期東京帝国大学の教授を務めていた。戦後には農業政策にも深くかかわり、農業基本法制定にも参画した人物である。

彼は、「日本農業を動かすもの」として加工業者、大商人、若干の農耕民、政府をあげている。[*3] 農業が商品生産に変わっていく過程で、仲介業者などの力が強くなり、農業者が自律性を失う方向に向かったという。前章で見たように、1930年ごろを境に、第一次産業の従事者の割合がその他の産業の従事者より減っていく。それは自分で食料の生産手段をもたない人たち、つまり食料を購入しなければならない人たちの割合が増えたということである。農家側からみれば、そうした人たちに販売する分をより多く生産するようになったと言える。東畑がみていたのは、その転換点であった。

東畑は、「農業を動かすもの」のなかでも大規模に農業を動かす力をもつのは政府だという。国営で農業をするという意味ではなく、補助金や低利融資によって間接的に農業を動かすという意味である。

東畑はさらに、政府は「危険を負担せざる企業者」であるとも述べている。その時々の政策によって農業のかたちをコントロールする一方で、リスクについて責任は負わないという意味である。災害復旧などに補助を出すとしても、その原資は税金であり、政策をつくる個人にそのリスクが返ってくる構造とはなっていないことを、そう表現している。

美の里プランで言う、環境に応じてそれぞれの場所で最適なかたちで行なわれるという農業は、言い換えるなら、土地から得られる利益と危険（リスク）を勘案して、そのバランスをとった結果である。農業者自身が自律的に農業を営んでいればおのずとそのようなかたちになるし、第三者（東畑が言うなかでは、加工業者や大商人、仲介業者）が農業を動かしている場合にも、その第三者がリスクを負うなら、最適なかたちが選択されるだろう。

野菜であれば、かつてはその土地に合うものを栽培したり、多品種少量生産を行なうことでリスクを分散させていた。同じ品目で異なる品種のものを植えることもあったと聞いたこともある。米についても、かつては各地にいろいろな品種があり、田の条件（日陰、湿田、寒冷地など）によってふさわしい品種が選択されていたようだ。[*4] しかし、米が商品化していく過程で肥料に応じやすく収量を増やしやすい品種に切り替えられていったという。東畑は、改良の進んでいない伝統的、在来的な品種は野性的ではあるが、自然に生き残りやすい「消極的抵抗力」は強かったという。[*5]

1960年代以降、戦前期に増して効率化を目指す政策が行なわれたことによって、大規模、単一栽培に転換した。これは、生産性が高まる一方で、リスクを高める方法である。こうして高まったリスクの代償を農家自身や国民（税金からの補填分）が負う構造だとも言える。

こうした構造は、農業がそれぞれの土地の環境とは切り離されたかたちをとることにもつながる。農業で得られる利益と土地のもつリスクを勘案しながらの農業は、おのずと土地がベースになる。そしてそれは、地域の個性になる。しかし現在では農業のかたちや方向性を決めているのは、リスクを負わない政府である。リスクを考慮しなければ、上手くいけば最大の収穫になる手法が選択され、上手くいかない場合、つまり災害への対応や地力の低下についてはあまり考慮されなくなるのである。

本章では、農業がどのように変化し、風景にどのような影響を与えたのかをみていくが、それが何を起因とするのかについても注目していきたい。気をつけなければいけないのは、政府は補助金や低利融資によって農業を動かすため、農業者は自ら望んで、あるいは無意識に政策に従っていることである。政策で求められる農業のかたちを必ずしも「押し付けられている」と感じていない場合は多い。しかし、農業者が経営上、最適であると考えるかたちはすでに、政策に方向づけられているのである。

肥料が工業製品になった

農業が大きく変わったのは先述したように1960年代だが、それ以前にも変化はあった。古くは江戸後期からの新田開発もある。また、明治になってからはお雇い外国人の影響もあった。まずは肥料について見てみると、日本では江戸時代まで、今ほど肥料を利用していなかった。明治になってドイツから来たお雇い外国人、マックス・フェスカが、日本の農業の欠点の一つとして「少肥」をあげた。[*6] そのころの日本では、草や枯葉からなる緑肥や堆肥、牛や馬などの家畜の糞を利用した堆きゅう肥が主体であった。

話はそれるが、以前、牧草だけを与えて飼育している牛の牧場を訪ねたら、そこら中に糞が転がっているにもかかわらず全く臭くなかった［写真6−2］。牧場の人に話を聞くと、牛は反芻し、胃袋が4つある動物のため、健康な牛なら糞はほぼ繊維質でほとんど匂わないのだそうだ。現在の通常の畜産や酪農では、肉や乳に脂肪分を増やすために栄養価の高い餌を与えているため、昔の牛とは糞の質が違うという。

そんなわけで、江戸時代までは都市の糞尿を使用できる近郊の農地を除けば、牛の糞を入れても肥料

写真6−2｜たくさん糞があるのに全く臭くなかった牧場（玉名牧場・熊本県）

はいつも不足気味で、肥料となりうるものは何でも使ったという。人の糞尿はもちろん、米のとぎ汁や風呂の汚水等、何でも利用するような心がけが必要だったらしい。[*7]

その後、明治になってから肥料を増やす指導を受けて、北海道の魚肥（ニシン油の搾りかす）、大陸から輸入されるようになった大豆かすなど、有機質肥料が普及し始めた。こうして多肥農法が普及したのち、第一次世界大戦後には、工業の発展もあって、より即効性があり、また大量に調達可能な、化学的につくられた無機肥料に置き換わりはじめた。

その理由には、工業化によって化学肥料をつくることが可能となったという理由以外に、大量生産を必要とする商品作物の需要が増えてきたことがあげられる。工業が発達するにつれ、工場の賄いなどで大量に同種のものが消費される状況が生まれ、それを継続的に調達する必要性が生まれたのである。

食を通じて庶民の歴史を振り返る『胃袋の近代』を著わした湯澤規子は、紡績・織物工場での分析をもとに工業の発展と商品作物の関係を具体的に説明している。[*8] 工場の賄いの良し悪しが労働争議になることがあり、工場は従業員確保のために賄いの質を維持する必要に迫られた。しかし中小の工場は、賄いのための専属

表6－1 ｜ 販売肥料中の窒素成分のなかで有機質由来窒素の占める割合*[10]

年次	無機質肥料 N成分平均値 t.（A）	有機質肥料 N成分平均値 t.（B）	N成分合計量 （A）＋（B）＝（C）	B/C %
1901～10 （明治34～43）	8.886	30.481	39.347	77.5
1911～20 （明治44～大正9）	34.400	74.723	109.123	68.5
1921～30 （大正10～昭和5）	108.277	101.518	209.795	48.4
1931～40 （昭和6～15）	238.601	86.753	325.354	26.7
1941～50 （昭和16～25）	221.971	25.764	248	10.4
1956～60 （昭和31～35）	589.700	44.275	634.035	7.0
1961～70 （昭和36～45）	594.500	30.880	625.380	4.0

注：各年次期間の平均値で示す。ポケット肥料便覧の統計から計算

の人員を確保するのが難しく、次第に共同で炊事組合を設立し配食するようになったそうだ。そうなってくると一度に用意する量が増えるため、同種のものを大量に調達するようになり、それが野菜生産の合理化につながったと解説している。

戦後になると食糧難を克服するため、化学肥料の生産の復興が優先され、それにより化学肥料の普及がより拡大することとなった。*[9] 表6―1を見ると、肥料の量、化学肥料の割合がともに増えているのがわかる（有機質肥料の割合を示した表を引用）。

なお、肥料として落ち葉の利用が減った理由には、明治以降、山林の国有化等によって入会地が減少したという背景もあり、また動物の糞の利用が減った理由には農業の機械化が進み、家畜を飼わなくなったこともある。

このように、化学肥料をつくる手段としての工業化、需要としての工業化、そこからくる即効性を求める農法など、工業と農業が互いに影響しあって化学肥料が普及していったと考えられる。

肥料が変わって風景も変わった

肥料が変化したことは、地域の環境にどのような影響を与えたのだろうか。最も大きなところでは、地域内で調達していた肥料が外部から持ち込んだものに変わったことである。利用していた米のとぎ汁や糞尿を下水などを通じて外へ出すようになったことも併せて考えると、地域外から入れ、地域外に出すようになったとも言える。これについては、書籍『自然と食と農耕』にわかりやすい図が示されているので紹介しよう[図6-1]。

なお2021年に策定された「みどりの食料システム戦略」では、耕地面積ベースでの有機農業の割合を現在の0・5%から2050年までに25%にする計画が立てられている。しかし、有機肥料も全国流通しているものであり（一部に輸入されているものもある）、有機肥料に転換したからといって地域内循環に戻るわけではない（ちなみに、みどりの食料システム戦略の主眼はCO_2の排出削減のようで、循環型を志向するものではないため、そこの不備を指摘しようとしているのではない）。

また、有機肥料として、地域で調達される家畜の糞をもとにした堆きゅう肥を調達してきたとしても、家畜飼料の約7割を輸入に頼っている現状では完全な地域内循環とは言いにくい。実際、鶏糞を使って有機栽培をしている畑では、見たこともない色の花が咲くと聞いたことがある。養鶏の輸入飼料に混ざっていた種が消化されずに発芽し、咲いたのだろう。

もちろん生産性や生産量の問題もあるので、すべて循環型にしなければいけない、ということをここで主張したいわけではない。ここでは「どうすればよいか」の前に、「何がどう変化したか」をまずは把握

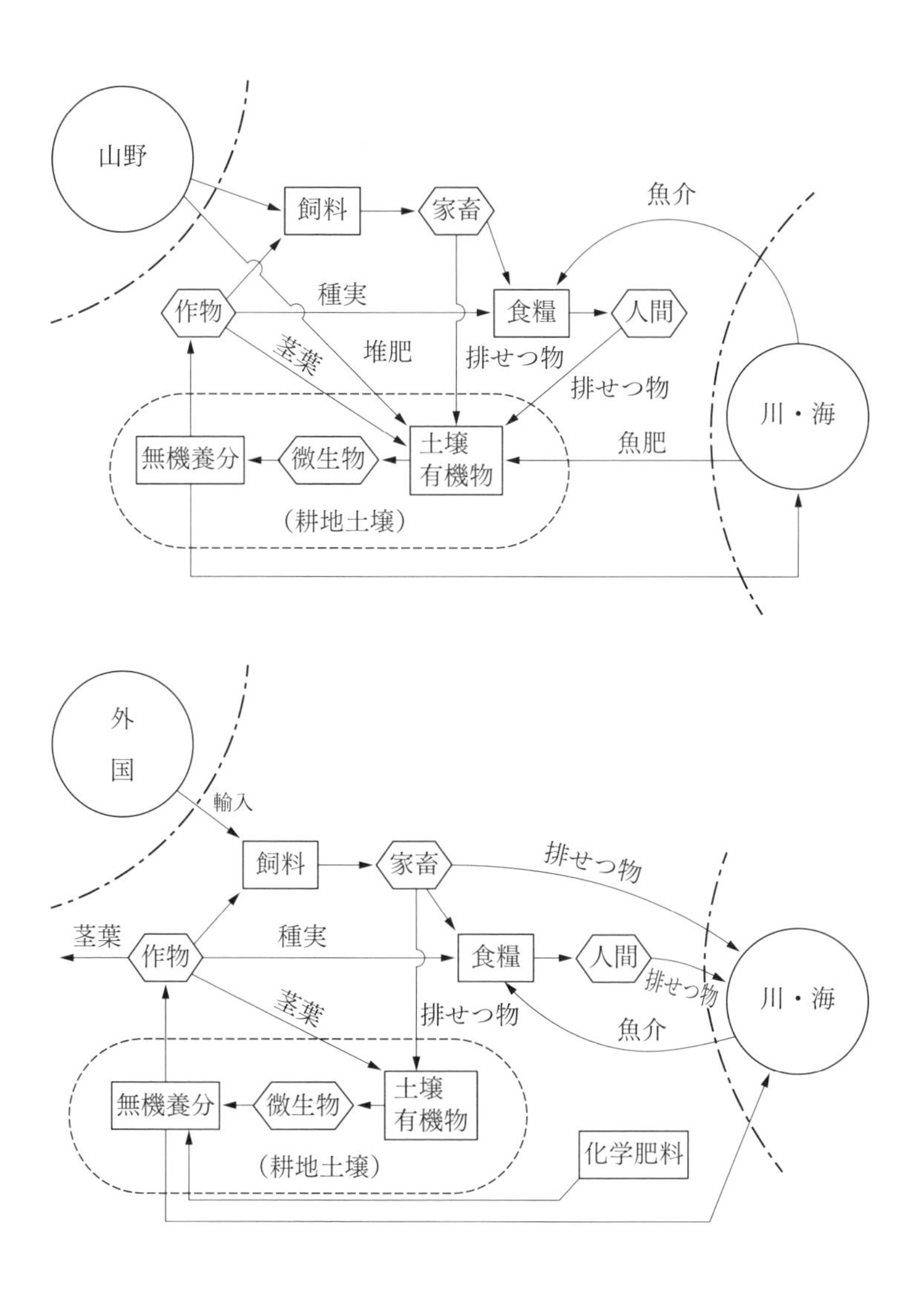

図6−1　伝統的農業（上）と近代的農業（下）の物質循環系＊11

しておきたいと思う。

つづいて、そうした変化がもたらした空間的な変化についてはどうだろうか。草をもとにした肥料を入れなくなったことで、それを生産していた茅場などの秣地（まぐさ）（草刈場）がなくなったことは大きな変化であった。1888（明治21）年の『農事調査』によると全国の秣地の面積は133万8000haで、耕地のおよそ3分の1に相当する面積だったという。*12

秣地のほか、田畑の畦や里山も肥料の生産地であった。畔に生える草や、里山の下草、落ち葉は肥料として使われていた。近年、里山の維持管理ができなくなったとよく言われるが、この原因のひとつも肥料の変化にある（里山の変化には、燃料の変化もある）。

以前、宮崎県の日之影町（ひのかげちょう）に行ったとき、棚田を構成する土坡（どは）がきれいに草刈りされていて驚いたことがある。日之影町は、延岡市から九州山地のほうに入った山深いところにある町である。なぜ驚いたかというと、そういった山奥の町では過疎化が進み、草刈りなどが難しく、草が生い茂っているのが現在の「普通」の風景だからである。

地域の人にきれいに草刈りがされている理由を聞いてみると、日之影町では牛を少数飼っている家が多いらしく、餌のために草を刈っているとのことであった。牛を飼っていない家でも、近所の牛を飼っている農家が草を購入してくれるので、草刈りをしているのだという。農家が稲作だけをするのではなく、複合的に経営していることによって、草刈りが維持管理作業ではなく、餌の生産活動になっていて、それで草刈りが行き届いているのだなと納得した。

草も落ち葉も、利用されなくなれば、それを刈ったり集めたりするのは、畦や里山を守るための付加的な労働となる。そうなるとその仕事を削減しようとするのは自然の流れで、実際に、日本各地で畔がコンクリートで塗り固められたり、里山が生産のための杉林に置き換わったりした。こうして、便利になるのと引き換えに四季の彩りや生物多様性は失われていったのである。

もう一つ、化学肥料が増えたことによって確実に変化したものに「土」がある。土壌の有機物が減少することで地力や保水力が低下するなどの変化が起こる。有機農法の環境への効果について、ドイツで行なわれた研究によると、有機農法のほうが慣行農法（現在普及している農法のこと）に比べて土壌肥沃度が高いことや土壌が柔らかいこと、潜在しているタネの種類が多かったことが報告されている。*13

土の状態の変化は直接目に見える変化ではないが、雑草の種類も変わるだろうし、何より斜面の多い中山間地域では畑から土が流出しやすくなったりする。肥料の話ではないが、石積みのあるところでは除草剤を使ってはいけないといわれている。除草剤により、土壌の有機物のバランスが変わり、サラサラになって崩れやすくなるからである。土壌の変化は、案外、農村空間の変化を引き起こすのである。

社会的な変化はどうだろうか。化学肥料が普及しはじめるのは第一次世界大戦後であるが、そのころ、化学肥料は、大企業が生産するものであった。電力を使用して生産されるという特質上、そうした技術をもつ財閥系列の独占的企業によって賄われていたからである。日本の農業史の専門家である暉峻衆三は、化学肥料の増投の過程を「日本農業がより大規模な工業生産の影響下に入っていく過程であった」と考察している。*14

現在ではそれほど独占されたものではないが、化学肥料は農家にとって外部から購入するものであり、また原料のほぼすべてが輸入で賄われているため、農家のコントロール外にある。その点で暉峻が指摘した状況とあまり変わっていない。実際、現在、国際情勢の影響で肥料価格が高騰し、農業に大きな影響が出ているのは報道されているとおりである。

農業基本法と農業構造改善事業による農村の変化

1960年代に農業のかたちは大きく変化した。5章で説明したように、工業との格差を解消するため、所得倍増計画で農業基本法を制定することが謳われた。そして翌1961年に農業基本法が制定された。同法は、「農業の憲法」とも呼ばれるほど重要な役割を果たすこととなった。農業基本法では、他産業との生産性格差是正、農業従事者の他産業並みの生活水準確保を目標とした。そのための方法として、利益率の高い産品への転換、生産性の向上、農業構造の改善を政策の基本に据えた。

農林省（現：農林水産省）の職員として農業基本法の制定にかかわった石川博厚は、農業構造改善事業を解説する書籍のなかで同法について説明している。そこでは、それまでの食糧増産を目的とする保護的な農業から経済合理主義的農政への転換をはかること、つまり「産業の一部門として」農業を扱うよう方針転換したと述べている。[*15] 農業のもつ文化的価値、環境的価値、農村社会をつくる価値を捨て、農業を工場生産と同じように見なしはじめたのである。

農業基本法制定後、これに基づいて実施された農業構造改善事業は、市町村を基本単位とした。[*16] 農業構造改善事業では、日本農業の特質である「零細規模、零細経営」が生産性の低さの原因であるとして、規模拡大や効率化を目的とするメニューが用意された。市町村長が事業計画をたて地域指定されると、高率の補助金や低利の融資が受けられた。具体的には、大型機械の導入のほか、野菜や果物では市町村ごとの産地の形成が奨励された。

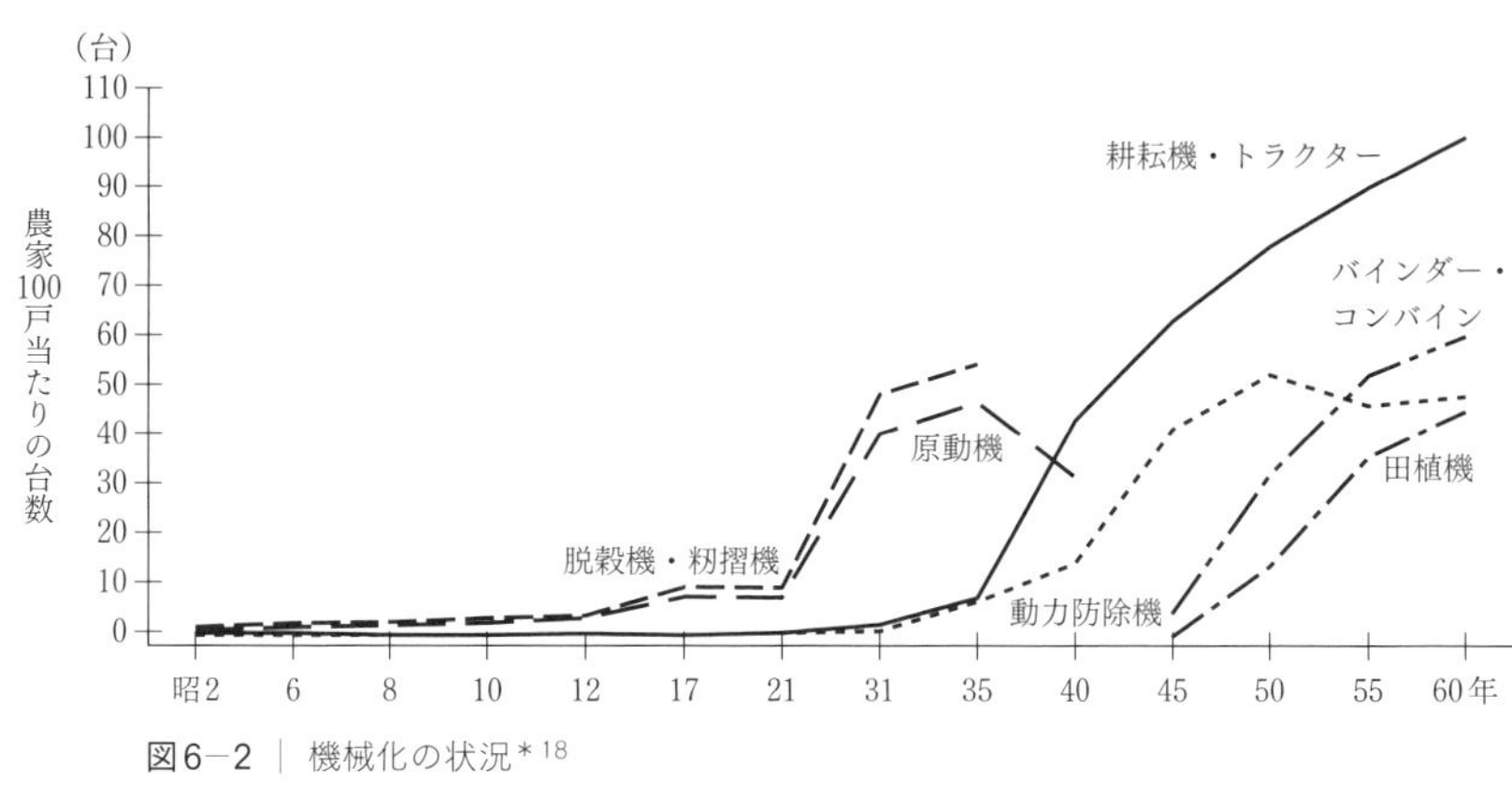

図6—2 ｜ 機械化の状況*18

産地の形成とは、基幹作目を決め、それを地域で集団でつくることである。農林省の屋宜宣二郎も解説書のなかで、「零細経営規模における日本の農業経営は多角経営が合理的であると考えられてきた」が、そうした「農業経営の縮図が個人経営となり、一農業経営の作目の種類が多く、個々の生産量が僅少であり、労働力を過剰に要求し一人であらゆる技術に通ぎょうしなければならなかった」と述べ、農家が多角経営をやめて単一作目に専門化することの意義を説明している。*17 なお、戦前期に商品作物の生産が広がっていったと先に述べたが、そのころの農家は多品目を生産するなかで商品作物を生産するのが通常で、専業化はまだ広まっていなかった。

農業構造改善事業では、少数の農家で広い面積を経営できることを目指したため、大型トラクター、コンバインなどの大型機械を導入させることを目指した。同時に用意された融資制度も後押しし、これらの普及は目覚ましかった［図6-2］。

大型機械を導入するには、それが効率よく利用できる農地が必要であった。そのため、1枚当たりの農地面積を拡大するなどの土地基盤整備事業も同時並行で行なわれた。社会学者の蓮見音彦は、農業構造改善事業は市町村長が「関係市町村民の総意に基づいて」計画を立てることとなっていたものの、実際には「多分に硬直化した実施基準が国や県から要求」されたと述べている。

たとえば、基幹作目を地元が決めると、それに応じて農地の基盤整備と機械の規格と数量が当てはめられたという。機械の効率を良くするために農地の区画整理を20ha以上の団地で一筆30ａ（30ｍ×１００ｍ）以上の農地にするなどであった。蓮見は、これにより「以前の不整形で小さい地片が入り組み、そのあいだを農道が蛇行するといった農村の景観は、すっかり変わってしまった」と指摘している。*19

指定産地制度による単作化の推進

１９６６年には「野菜生産出荷安定法」が策定された。農業と消費生活を安定させるために産地をつくって生産出荷の近代化と補償制度をつくるというものである。これは「野菜指定産地制度」とも呼ばれ、一地域で生産する種目を決め「産地」の形成を促す制度である。農業構造改善事業では、農地の規模拡大や機械化は進んだものの、産地化や流通の合理化は当初の想定ほど進まなかった。そのため、ここに力を入れたのである。同時に設けられた補償制度は、指定産地になれば価格の著しい低落があった場合に「生産者補給金」を受け取ることができる制度であった。生産とリスクの関係を切り離すことで効率化を目指したといえよう。こうして補償を盛り込んだことで、おのずと「産地化」が進む仕組みになっていた。

法の名前や目的に「出荷安定」や「国民消費生活の安定」という言葉が入っていることからもわかるように、法律制定の背景には、消費者にとっての野菜価格の問題があった。当時、物価の急上昇が社会問題化していたが、特に野菜価格の上昇が激しく、さらに時期により大幅な価格変動を繰り返していて、物価問題の中心的課題となっていたのである。

野菜価格上昇の要因の一つは、輸送コストであった。都市が大規模化したことにより近郊産地が都市化し、産地が遠くなって輸送距離が長くなった。それに加え、工業の発展により全般的な給与水準が上昇して運搬費用の単価も上がったことなどが輸送コスト上昇の理由としてあげられていた。[*20]

そこで野菜指定産地制度では、工業による発展が著しかった京浜、中京、京阪神、九州の四大消費地それぞれに対し共同で出荷することで運搬費用を下げられるよう、産地の形成をはかったのである。キャベツ、キュウリ、だいこん、たまねぎ、トマト、はくさいの各「産地」が合計310か所指定され、全3392市町村（当時）のうち788市町村がこの産地になった。大消費地が近くにない東北や北陸の市町村はあまり参加しなかったことをふまえると、京浜、中京、京阪神、九州に出荷しやすい地域の多くが参加したと考えられる。

産地になった地域では「生産出荷近代化計画」を立てることが求められたが、この内容は、法第8条で次のように定められた。

1．作付面積、生産数量及び指定消費地に対する出荷数量に関する事項
2．土地改良、作付地の集団化、農作業の機械化、その他生産の近代化に関する事項
3．集荷、選別、保管又は輸送の共同化、規格の統一その他出荷の近代化に関する事項

当時の農林省の調査によると、1965年の段階で、全出荷量の32％が農協系出荷なのに対し49・9％が個人出荷で、個人出荷が約半分を占めていた。農業構造改善事業で目指していた出荷の効率化が進んでいなかったことがわかる。この調査を報告した農林省の小笠原正男は、当時の出荷体制について「相互に

連絡もなく無計画に行われていると同時に、個々の出荷主体については出荷量が少く、荷口が零細で、出荷物の品質包装の標準化も進んでいない」と述べている。[*21]このような出荷体制では生産量の変動を出荷段階で調整することも難しいと言い、産地の形成による出荷体制の構築によって消費地に「安定的に」供給することが目指されたのである。

こうして単作化が進んだわけだが、それは何をもたらしただろうか。農林省の屋宜が言っていたように、単一作目にすることは農家の負担を減らすことにもつながったかもしれない。たしかに効率がよく、また農家は専門の品目に専念することによってそれについての専門性は高くなったのだろう。

多角経営は、さまざまなものに目を配り、作目の選定から作付け、経営について考える必要がある。たしかに労働を過剰にするかもしれないが、裁量が大きく、個人事業主的な意味合いが強い。一方で単作化は、地域で決めた作目を、求められる品質でつくるという単純労働にちかい仕事になるということでもあった。

仕事の質が変わっただけでなく、土地との関係で工夫する余地が減ったということは、土地に根差した農業をすることでつくられてきた文化が失われるという側面ももっていた。多角経営は災害の多い日本において経験的に獲得されたリスクを分散させる方法であったとも考えられるが、単一栽培は多雨や病害虫にすべてが同時にやられてしまう可能性が高い方法である。

もう少し表面的な風景の変化も当然ある。かつて多品種少量生産を行なっていた農村では、斜面の向きによる日当たりの多寡や土の水分量の違いなどにより畑を使い分け、パッチワーク状の農地ができていた。しかし産地化によって「どこまでも続く大根畑」のような風景に変化したのである。効率化を求めれば当然、1枚当たりの耕地は拡大し、畦などに植わっていた木や、点在していた小さな林は無くなっていった。

風景の均質化とともに農地の生物多様性も低下したと言える。

土地の状況はその土地固有のものなので、それぞれの土地の状況に応じた農地の使い方をすれば、唯一無二の風景になる。単一栽培は、それぞれの地域の個性が失われていくということでもある。イタリアの「農村振興のための国家戦略計画（PSN）」では、農業が工業化して風景の特徴が失われたと書かれていたが、まさにそのとおりである。

栽培種と地域の環境の関係

農業構造改善事業、それを強化した指定産地制度による単一栽培の拡大は、栽培種の変化をも加速させた。

品種改良自体は昔から行なわれてきた。野菜の品種改良についての歴史をまとめた『伝統野菜をつくった人々』[*22]によると、第一期の画期と呼べるのは、大都市周辺で商品野菜生産が開始された江戸時代中後期だったという。そのころに生まれたのは練馬大根や聖護院大根などの「在来種」であった。在来種は、つくる人や土地によって大きさや形にばらつきがでやすい。そのため、それを改良して均質性をもった「固定種」の開発が行なわれたのが、第二期の明治中後期から昭和前期であった。

先に、工場での賄いによって同質のものが大量に必要になってきたと述べたが、湯澤も、この時期の品種改良について説明している。そのころの食卓には沢庵が欠かせなかったが、沢庵を大量に生産するために、「均一な長さと太さ、樽にちょうどよく入る大きさの大根がつくられるようになった」と、この時期に大量生産、大量消費に向くよう品種の改良が進められたという。[*23]

品種改良は、国も率先して行なっていた。全国につくられた農事試験場では、近代農学に基づいて研究が行なわれた。品種改良や収量を増大させるための肥料の使い方など、土地との関係というよりは、植物としての農作物の性質に着目した研究であった。これを農事改良として農家に広めていったのである。

そして１９６６年の指定産地制度以降に広まったのがＦ１種である。Ｆ１種は形状が均質になるだけでなく、つくりやすく、収量性にも優れている栽培種である。おそらく、多くの人びとが想像する植物は、小学校の理科で習うように、発芽し生長して花が咲き、種が出来る。それが翌年、また同じサイクルを繰り返すというものであろう。在来種や固定種は、そのとおりで、その過程で、それぞれの土地や気象条件、文化に合わせてタネの選別が行なわれ、それぞれの品種の遺伝的特徴になったものである。近年では伝統野菜とも呼ばれる。

一方でＦ１種は、それらの固定種から人が欲しい特徴をもつようにデザインされたものである。Ｆ１種は雑種第一代とも呼ばれるように、デザインされた特徴は一代限りのものである。それらの野菜からとれるタネを栽培しても同じ性質は現われない。代々、種取りによって選別され品種が固まってきた在来種や固定種とは根本的に異なるといえるだろう。

そうやって人工的につくられるため、Ｆ１種は一般的に大手の種苗会社がつくるもので、農家は毎年購入することになる。近年では主要な野菜のほとんどがＦ１種であり、それらの多くを輸入に頼っている。

１９６６年の野菜生産出荷安定法や、そのうらにあった流通の効率化という都市側の要求を背景に、野菜の規格統一、長距離輸送しても傷まない強さなど、大量生産に向く性質をもつようデザインされたＦ１種が普及した。Ｆ１種の普及により、それまで各地にさまざまな種類があった在来種や固定種がなくなりつつある。種の数の減少は、遺伝子レベルでの生物多様性の減少である。なお、固定種は新しく品種改良したいときの資源にもなるため、今ある「改良された」品種があればそれでよいというわけでもない。

F1種が広く栽培されるようになったことと環境の関係についてみてみよう。F1種は、人間が要求する品質を備えるよう交配されたものである。それぞれの地域の環境が在来種や固定種をつくってきたような、環境と品種の関係はない。F1種の栽培は、それぞれの土地がもつ多様な環境とは切り離された農業になるということでもある。

現在、伝統種で町おこしをしようという地域が増えている。それ自体は非常に良いことである。しかし、それらをより保護的に栽培しようとハウスなど隔離された栽培環境でつくろうという取り組みもある。そうすると意味が違ってくるのではないだろうか。その土地の地質、環境でつくられるからこそテリトーリオ産品となり、伝統種が地域のアイデンティティーとなりうるのだ。

農業が「外からのエネルギー」を使うようになった

もう一つの変化は農業資材の利用である。ハウス栽培、トンネル栽培の普及によって、ビニールを多用するようになった。これらは旬を外してつくることで付加価値をあげることを目的とした利用も多く、旬を大きくずらす場合には、ハウスで石油を焚いて加温することとなる。いずれも、季節という地域の環境を、外からの資材、エネルギーで変える農法である。そのほか、土の保湿や保温、雑草の抑制のために土の表面を覆うことがあるが、これも草や藁だったものが、現在ではビニール素材を使うのが主流である。

農業構造改善事業では、農業資材の共同購入も推進され、普及がしやすい状況にあった。図6―3を見

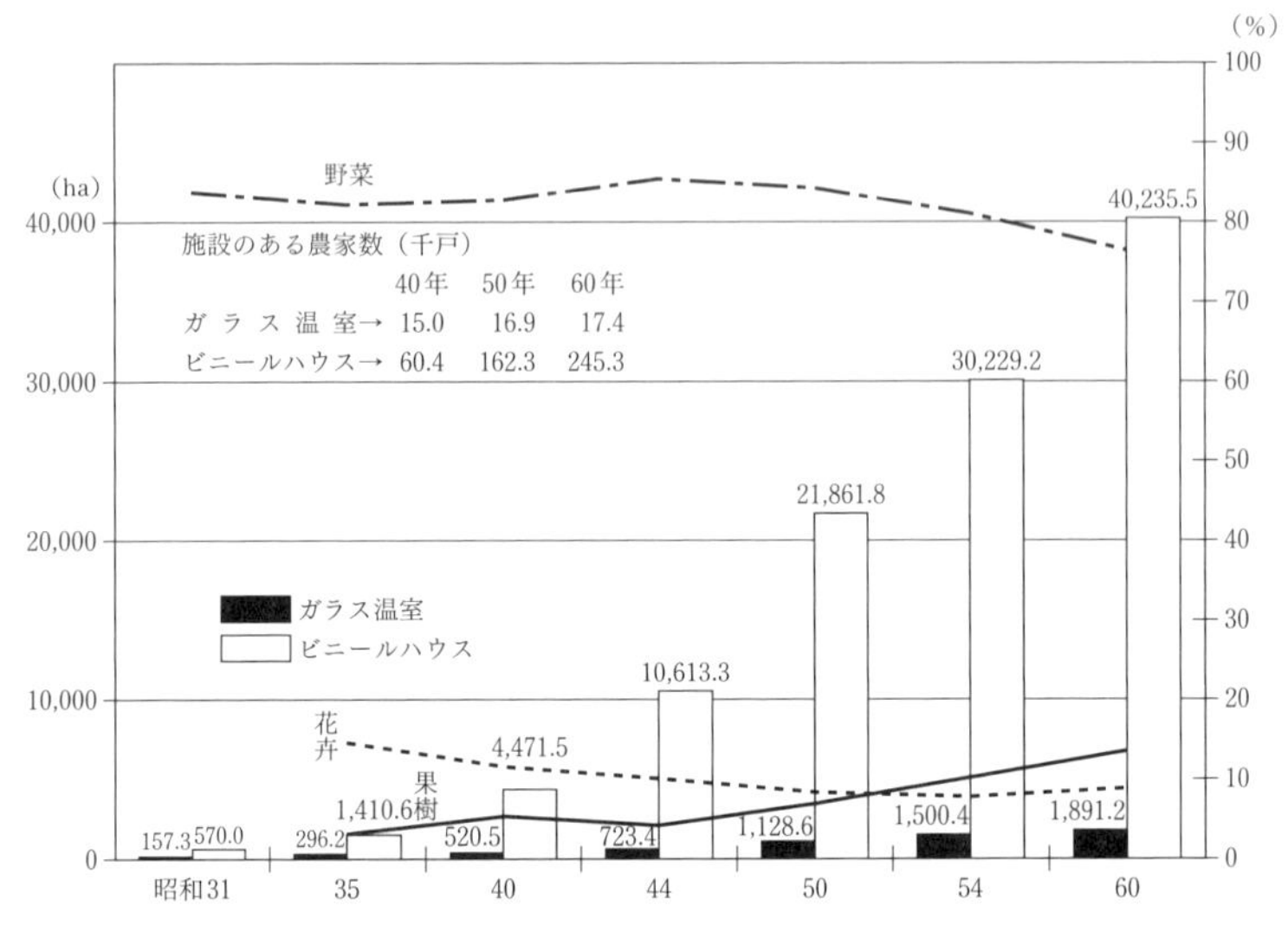

出典1）栽培面積は昭和39年まで加用信文監修、農政調査委員会編『改定・日本農業基礎統計』農林統計協会、昭和52年より、それ以降は農林水産省食品流通局野菜振興課『園芸用ガラス室、ハウス等の設置状況』より
2）施設のある農家数は農林水産省統計情報部『農林業センサス』より

図6―3｜施設栽培の面積とその内訳の変化＊24

ると、1960年以降ビニールハウスが急速に拡大し、多くが野菜用であることがわかる。

機械化と農業資材の投入は、外からのエネルギーによって成り立つ農業を推進したと言うことができる。表6―2は、ちょうどその時期を挟んだ日本におけるコメ、ばれいしょ、だいずの生産への投入補助エネルギーを示したものである。補助エネルギーとは主となる太陽エネルギー以外に投入したエネルギーのことで、ガソリンやビニールなどの投入をエネルギー換算したものである。この表のうち、労働・畜力と自給肥料が循環型のエネルギーであるが、それ以外は地域外からのエネルギーである。この表を見てわかるように、農業は地域外からの多くの調達によって成り立つように変化し、循環的な要素は減少した。

収穫した後の加工はどうだろうか。かつて、季節に応じて「旬の時期」にしか野菜がとれなかった時代には、一度に大量にできるものを保

表6－2｜日本の農業生産における投入補助エネルギー（単位：1,000kcal/ha）*25

	コメ			ばれいしょ			だいず		
	1955	1965	1975	1955	1965	1975	1955	1965	1975
自給的エネルギー	18,346	14,883	9,591	11,739	5,155	1,140	1,912	961	2,701
労働・畜力	1,192	738	445	528	242	92	410	288	138
自給肥料	17,154	14,145	9,146	11,211	4,913	1,048	1,502	673	2,563
外からのエネルギー	11,779	23,667	42,182	6,445	12,681	26,682	3,220	5,628	15,843
購入肥料	3,393	4,790	6,486	4,437	7,785	11,936	1,824	3,081	5,446
農薬	362	1,800	2,465	573	1,516	6,104	20	98	1,960
資材・動力	1,298	3,340	4,098	32	485	1,508	148	715	1,456
水利・土地改良	1,942	2,880	5,662	—	—	9	—	—	—
建物・設備	2,181	2,162	2,270	519	316	674	515	319	376
農機具	2,603	8,695	21,201	884	2,579	6,451	713	1,415	6,605
その他	1,206	1,741	2,738	1,610	2,112	3,367	298	620	218

注：その他は、種苗や賃料等

存するためには、干したりして乾燥させることが一般的であった。保存の手法には塩漬けもあるが、海から遠い山間地では塩が手に入りにくいことも多く、乾燥が最もコストのかからない保存方法なのである。切り干し大根や干し芋、干柿などが代表的なものである。また、コメも竹などで組んだ「はざ」と呼ばれる仮設構造物に干すのが普通であった。

よく知られているように、近年は機械で乾燥させることが主流となっていて、これらも外からのエネルギーに頼って加工を行なっているといえよう。自然の力を利用して乾燥させるには、日当たりだけでは不十分で、乾燥した空気や風を必要とし、それに適した場所が選ばれることもあった。[*26] またコメの乾燥では、湿度が多ければゆっくりと乾燥し、美味しいお米ができると言われている場所もある。それぞれの気象条件がその地域の味をつくるのである。

徳島に住んでいるころ、渋柿を買って干柿をつくったことがある。干柿のつくり方をインターネットで調べると、カビ対策の情報がたくさん出てきた。私が干しはじめたのは寒くなってからだったので、カビとは全く無縁であった。「なんでみんな、そんなに苦労しているのかな」と思いながら、ベランダに干した柿を毎日眺め、ときどきもんだりして、大事に育てた。その間、カビが生えることは全くなく、簡単に干柿をつくることができた。しかし、やっと出来た干柿をワクワクしながら食べてみたら、全く美味しくなかったのである。

よく調べてみると、干柿をつくるには、柿が色づいてから柔らかくなる前のちょうどよい時期に収穫する必要があるらしい。なるほど、寒くなってから干したのでは柿が熟しすぎているのだ。暖かい地域では、柿が硬い時期はまだ暖かく、カビやすい。硬い柿をカビさせずに干すには、やはり最適な土地があるのだ。干柿で有名な産地があるのも納得である。外からのエネルギーに頼らないなら、加工においても土地と食は切り離せないと実感した。

「便利」の変化と過疎

農地が整形され大規模化したのは、基本的に平地の農村であった。中山間地域はそもそも、効率化のための補助事業をしても成果が上がりにくいため、あまり効率化の対象にされてこなかった。だからこそ、棚田や段畑が今でも残っているのである。

しかし、全く変化がなかったわけではなく、化学肥料や農薬、Ｆ１種は平地と同様に普及しているし、場所によっては単一栽培にも移行している。土地の大規模な改変はあまり行なわれなかったが、農業そのものは変化している。

また農地に対しても、細かな改変は行なわれている。5章で説明したように、効率化のための政策によって農村間での格差が生じ、山間地域の農村から過疎が進んでいったが、過疎化、高齢化は農村の維持管理作業を難しくした。そのため、作業を楽にするために土水路はコンクリートのU字溝に変更され、畦はコンクリートに塗り固められた。棚田を構成する石積みも、壊れたところからコンクリートになっていっている。

さらに、エネルギーのところで説明したように、収穫後の作業はかなり変化しており、はざ掛けの風景、軒先の大根、干柿など、季節の風物詩ともいえる風景は、かなり希少になってきている。それに付随して、農業資材として竹を使わなくなったことで放置された竹林が増殖して山を覆う現象が各地で問題になっている。

もちろん、これを全部昔のように戻せばよいというわけではない。国策や都市の意向で変化したとはいえ、農家も楽になった面もあるだろう。しかし、「近代化」するといって変化させてきたことが、すべてが「進化」だったのかについて考える必要がある。それぞれの土地とのつながりを断ち切るようになったこと、エネルギーをたくさん使うようになったことは、たしかに効率化という単目的のもとでは有効だったかもしれない。しかし、それがもたらしたものは、農村環境の悪化や効率化に向かない中山間地域の農村の過疎である。

環境的、社会的、経済的に豊かな農村のために農業があること、経済的発展と同時に国土保全や地球の持続可能性も重要であることを考えれば、これまでやってきたような経済的側面を中心にした大規模化、単作化、エネルギーを多用する「近代化」は、「進化」とは呼べないのではないだろうか。

ここまでのところで、工業化社会や大都市を支える国の構造のなかで、農業が効率化を求め、地域の環

写真6－3｜小豆を干している様子（日光が強く、影が濃い）と、干柿と大根が干してある様子（干柿をもらっているところ）

境から切り離されていったことがわかった。社会のシステムが効率化に向かうなかで、中山間地域と環境に負荷を与える農業が広まってきたと言うこともできるだろう。

しかし現在、１９６０年代の効率化一辺倒の時代から、社会は転換しつつある。価値観が大きく変わりつつある機運を活用しない手はない。価値観が変われば「よいとされるもの」も変わる。

本章の最後に、持続可能性が重視されるようになった現在、かつて「非効率」だと政策から取り残され、過疎化した中山間地域こそがむしろよい土地なのではないかと考えるに至った話をしたい。

私が石積みを習った石工さんの家は、川沿いの幹線道路から、細い道に入り山をくねくねと上った先の南向きの斜面にある。通いはじめたころ、なぜこんな不便なところに住んでいるのだろうと思っていた。しかし何度も通ううちに、ここが山の暮らしには「便利な土地」なのだと考えるようになった。軒下では、季節ごとに豆やサツマイモ、大根が干されている［写真６－３］。谷からかなり上がってきたところにあるので、空気が乾燥しており、南向きの斜面なこともあって、乾燥保存するのに向いているのだ。

加工品のなかでは特に切り干し大根がすごく美味しい。いただいた切り干し大根を家で煮たとき、味見したらあまりにも美味しくて、半分くらいそのまま鍋から食べてしまったほどである（行儀が悪い！）。私の推測では、日当たりと排水のよい石積みの段畑でつくられた大根が、そもそも味が濃いこと。そして、乾燥した空気、しかも山の冷涼な環境で干すため、新鮮なうちに水分が抜けることが、その理由ではないかと思う。

都市を中心に考えると、幹線道路に近い場所が便利だ。しかし現在の幹線道路は川沿いにあることが多い。食べ物を保存することを考えると幹線道路沿いは便利ではない。むしろ、湿度の低い、日当たりの良い山の上のほうが便利なのだ。実際、石工さんの住む集落の中腹を、かつての幹線道路である里道が貫き、同じく山腹にある別の集落まで続いている。

時代が進み、機械で乾燥させるようになって、土地の力を借りる必要がなくなり、「便利」の基準は変わってしまった。「地の利」を使わなくなったことによって、中山間地域はただ「不便な土地」になった。しかし、時代は転換しつつある。天然のエネルギーを最大限に使えることに価値をつけられれば、中山間地域は再び「便利な土地」になる。

注

＊1　政策としての農地の基盤整備は明治時代から行なわれていたが、1960年代からはかなり大規模に行なわれるようになった。
＊2　農林水産省大臣官房、『令和4年度食料・農業・農村白書』、農林水産省、2023
＊3　東畑精一、『日本農業の展開過程』、昭和前期農政経済名著集3、農文協、1978
＊4　農業発達史調査会、『日本農業発達史第二巻』、中央公論社、1954

＊5 東畑精一、『日本農業の展開過程』、昭和前期農政経済名著集3、農文協、１９７８

＊6 暉峻衆三、『日本の農業１５０年』、有斐閣、２００３

＊7 岩城英夫ほか、『自然と食と農耕』、農山漁村文化協会、１９７９

＊8 湯澤規子、『胃袋の近代』、名古屋大学出版会、２０１８

＊9 西尾敏彦ほか、『昭和農業技術史への証言』、農山漁村文化協会、２０１２

＊10 西尾敏彦ほか、『昭和農業技術史への証言』、農山漁村文化協会、２０１２

＊11 岩城英夫ほか、『自然と食と農耕』、農山漁村文化協会、１９７９

＊12 暉峻衆三、『日本の農業１５０年』、有斐閣、２００３

＊13 Jürn Sanders, Leistungen des ökologischen Landbaus für Umwelt und Gesellschaf, "Thünen Report", 65, 2019

＊14 暉峻衆三、『日本の農業１５０年』、有斐閣、２００３

＊15 石川博厚、農業基本法と農業構造改善事業、『農業構造改善事業の設計』、学陽書房、１９６２

＊16 石川博厚、農業基本法と農業構造改善事業、『農業構造改善事業の設計』、学陽書房、１９６２

＊17 屋宜宣二郎、構造改善事業計画の基本的な考え方、『農業構造改善事業の設計』、学陽書房、１９６２

＊18 農業と経済編集委員会、『図で見る昭和農業史』、富民協会、１９８９

＊19 蓮見音彦、『苦悩する農村』、有信堂、１９９０

＊20 矢口慶治、野菜生産出荷安定法の成立、「農林時報」、25（6）、１９６６

＊21 小笠原正男、野菜の需給、価格の動向と野菜生産出荷安定法、「日本園芸の現状と将来」、１９６６

＊22 阿部希望、『伝統野菜をつくった人々』、農文協、２０１５

＊23 湯澤規子、『胃袋の近代』、名古屋大学出版会、２０１８

＊24 農業と経済編集委員会、『図で見る昭和農業史』、富民協会、１９８９

＊25 宇田川武俊、作物生産における投入補助エネルギー、「環境情報科学」、６（３）、１９７７をもとに作成

＊26 後藤治、二村悟、『食と建築土木』、ＬＩＸＩＬ出版、２０１３

第7章

農家と消費者の距離がもたらした「青果物の価値」

食べ物に旬は大切。知識では知っていても今の日本で食べ物の旬を感じることは難しい。スーパーマーケットに行けば一年中ほぼ同じものが手に入る。そうなったのはいつごろなのか。なぜそうなったのか。それがもたらした影響は。

イタリアで長ネギが買えなかった話

イタリアの街では、だいたいどんな小さな街でも街の中心にいくつかの広場がある。それらの広場には、いくつも露店の八百屋さんが出て、野菜や果物が売られているところもある。2015年に3か月ほど滞在したパドヴァという街もそうだ。ベネチアから西に30㎞ほどのところにある街で、旧市街地の中心にPiazza delle Erbeという名の、まさに「野菜の広場」の意味をもつ広場がある。その広場で、果物や野菜が売られていた。日曜日を除く毎日、多くの露店の八百屋が午前中だけ店を出している。何軒かは果物がメインだったり、ポー川流域のコメの産地なので、コメを専門に売っているお店も1軒あったりしたが、多くは野菜だ［写真7－1］。

毎日、屋台を組み立て、お昼ごろには撤収する。どの店もほぼ同じような品揃えで、違うのは、カット野菜のセットをその場でつくっていたりすることくらい。おそらく長く住んでいれば馴染みの店ができるのだろう。露店のお店なので、すべてのお店が対面販売の量り売りで、お店の人と会話する機会も必然的に多くなる。

ある夏の日、玉ねぎを買おうと思ったのだが、目につきやすいところには見つからない。こういう対面のお店では、無言でジロジロ品定めするのも変なので、お店のおばちゃんに聞いてみることにした。そ

写真7―1｜イタリアの街でよく見られる八百屋
上：撤収中の八百屋さん（エルベ広場、パドヴァ）
下：八百屋さんの様子（フィオーリ広場、ローマ）

のとき、玉ねぎ（cipolla）ありますかと聞くところを間違えて長ネギ（porro）ありますかと言ってしまった。そうすると「今は季節じゃない。あったとしても美味しくない！」とお店のおばちゃんにピシャリと怒られてしまった。

そのときはその迫力に驚きつつ、慌てて言い直して玉ねぎを買ったのだが、後から面白いなと思った。旬ではないものは売っていない。それが当たり前のことで、欲しがるほうがおかしい、そんな価値観がベースにあるのだろうと思った。

対面販売の良さは、野菜の旬や食べ方についていろいろと教えてもらえるところだ。これは日本の八百屋さんでも同じだろう。イタリアの広場の野菜販売は、毎日店を組み立てて撤収することや、同じような小さな店が何十軒も一堂に会していることなど、日本の「効率化」に慣らされた私からすると、謎だらけだ。しかし多くの街で今でも地元の人びとに支持され、長く続いているのは、こうした対面販売の良さが受け入れられているからなのかもしれない。

そしてお店が野菜の知識を伝える機能をもっていることで、地域ごと、季節ごとの食を大切にする食文化を支えることにもつながっているのではないだろうか（ただ近年では、露天の八百屋で買う人の割合が急速に減少しているのも事実のようだ。[*1] しかし、スーパーマーケットに野菜の旬を示すポスターが貼ってあることも多く、旬の野菜を食べる文化は日本よりも残っていると感じる）。

産地と消費地が遠くなった

現在の日本において、旬のものだけを食べるのは、なかなか難しい。私の「風景をつくるごはん」は、徳島にいるころは産直コーナーで買った野菜でつくっていたが、そのごはんを「おばあちゃんちのごはんのようだ」と言われたことがある。

たしかに、かつての食事は自分たちでつくった野菜を中心に構成されていて、意識せずともおのずと旬のものだった。だから、産直コーナーにある旬のものだけで構成されたごはんを「おばあちゃんちのごはん」というのはよく合っている表現のように思う。ではなぜ今、旬のもので構成されるごはんは難しいのだろうか。その最も直接的な理由は、お店に置いてある野菜に季節感がないからである。もちろん、旬のものだって置いてあるのだから、それを選べばいいのだが、現在、お店にはその土地以外の旬のものもいろいろ置いてある。全国各地からそれぞれの土地の旬の野菜を仕入れるリレー出荷や、ハウス栽培による加温などによりそもそも旬をはずしてつくった野菜も並ぶ。ものによっては、南半球からの輸入のものも並んでいる。

お店で買い物をするだけでは、そもそも何が旬なのかがわかりにくいし、わかったところで、生産地と消費地が遠いので、たとえば、住んでいる場所で枝豆が旬でも、お店に並んでいる枝豆が生産地の旬のものとは限らない。都会に住む私たちにとって、季節感のある食を手にするのは難しい。

本章では、こうした状況をつくる流通や、そうした食事が普及したことによる影響について考えてみたい。前章までは、都市と農業の関係に着目しつつ、農業が土地から離れていった歴史を見てきたが、本章では、一転して消費や都市側に焦点を当てる。

農村が都市に食料を供給し、都市がその食料で成立する関係が成立するのは、都市が発達し、都市と農村の機能が分化することで始まる。そのため、大なり小なり近世ごろからその傾向が強まる。その後しばらくの間は、生鮮野菜などは都市周辺の近郊農村から持ち込まれるのが通常で、都市と農村の関係は都市と近郊農村の関係であるとも言えた。都市から排出される糞尿が近郊農村では肥料となるなど、近郊であるがゆえに物質的な循環の関係もあった。

しかし、明治になって鉄道をはじめとする全国的な交通網が形成されてくると、たとえば大阪市場には紀伊半島や高知など暖かい地域からの野菜が届くようになる。大阪の旬よりも早い時期に出荷することができ、産地にとって有利だからだ。こうして生鮮野菜も近郊からだけではない供給が少しずつ増えていった。

その後、工業の発達によって近郊農地が消滅するという問題も現われた。すでに昭和前期にはそれが指摘されている。内務省の技師であった今川正彦は、近郊農業は蔬菜や果物、花卉などの鑑賞用植物の栽培で遠隔地の農業より有利な立場にあるにもかかわらず、近郊農地が宅地に変わりつつあることを指摘している。宅地としての地代は坪当たり1か月15〜20銭なのに対し、農業では坪当たり1銭くらいで、近郊農業でも宅地の地代にはとうていかなわないのが宅地化の理由だと分析している。[*2]このように都市周囲の近郊農地は、常に「都市周囲」ではあるものの、都市の拡大に伴って、場所としてはどんどん後退していくという現象が起こった。

大きな変化はやはり、高度経済成長期である。工業や商業の発達によって、都市はさらに拡大し、生産地と消費地の距離はさらに広がることとなった。

スーパーマーケットの登場が流通を変えた

生産地と消費地の距離が伸びると、運送にかかるコストは増える。それに加えて、高度経済成長期には

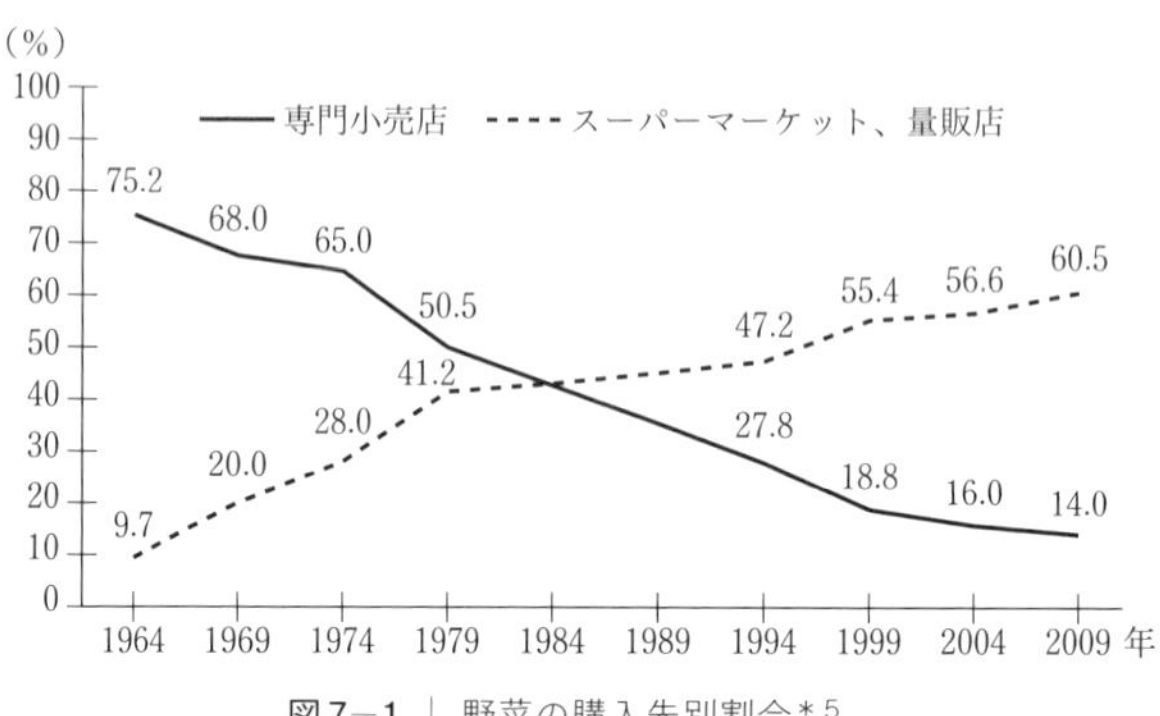

図7－1 ｜ 野菜の購入先別割合＊5

第二次産業、第三次産業の成長でそれらの産業の給与水準が上がり、運送業の賃金も上昇したこともあって、農産物の価格に占める輸送費の割合は飛躍的に増えた。また、大都市では人口の急激な拡大によって都市内での需要が高まり、食料価格が高騰した。それを見越して遠隔地から出荷されるようになると、時期によっては野菜が集中し、価格が暴落することもあった。統制のとれていない出荷に、気象状況による生産の多寡も合わさって、大都市での野菜供給は不安定になった。

価格の乱高下と供給の不安定さという問題の解決策として登場したのが、前章で紹介した1966年の「野菜生産出荷安定法」である。ただ、都市側、流通側ではその前にもいろいろ変化が起こっていた。その一つは、スーパーマーケットの登場である。それまで生鮮野菜を買う場合は八百屋などの専門店が当たり前だったが、それに変化が出てきた。

1962年の新聞に「ここ数年の間に急速に伸びてきたスーパーマーケット群は、日常生活品を中心とする業界を動揺させている[*3]」という記述がある。1960年前後からスーパーマーケットという業態が出てきたのである。また、1963年には「スーパー店が倍増」との見出しがあり[*4]、1962、3年ごろに拡大している様子がわかる。

しかし図7―1に示すように、データで見るとスーパーマーケットで生鮮野菜を買う人はまだ1割もいなかった。その後、１９８０年代半ばになってやっと八百屋での購入よりスーパーマーケットでの購入のほうが多くなるくらいで、数としてはそのレベルなのだが、新聞記事にあるように、社会的なインパクトとしては大きかったようだ。

初期のころのスーパーマーケットは、生鮮食品に限らず、家電や日用品全般を扱うものを含んでいた。またその特徴は安いことであった。安い理由は大きく分けて二つあるとされ、現金、大量仕入れで原価を下げること、客が自分で選んでレジまで持って行くセルフサービスで人件費を下げることであった。それぞれ中間流通段階と店舗での話である。

スーパーマーケットの進出がもたらした中間流通段階の変化として、１９６３年には問屋の合併、倒産が進んだことがあげられる。先の新聞記事でも流通革命と呼ばれるような変化が起こったといわれている。スーパーマーケットによって存在を脅かされるようになってきた商店街も、それまでの個別の仕入れではなく共同仕入れをするようになったそうだ。顧客に向けての対応としても、スタンプカードなどを用意し、商店街としての一体化を進めたと記事にはある。１９６０年代初頭、スーパーマーケットの登場は、実際のシェア以上に流通に大きなインパクトを与えたのがわかる。

流通の大規模化、効率化の進展

物価の高騰、なかでも野菜の価格が高騰し、あるいは乱高下するなど生鮮食品の供給が不安定になってくるなか、食料の安定供給が政策課題になった。政府は１９６３年、都市住民に安定的に食料を供給するため、生鮮食料品を中心とした公設小売市場を都内に20か所つくることを提案した。すでに候補地も検討されていて、それは環状7号、8号線沿線、東京三多摩地区など、急速に市街化が進みつつあった地域であった。

公設小売市場といっても、公営の小売店をつくるのではなく、小売市場管理会という特殊法人を設け、都と政府の出資で小売市場をつくり、一般の小売業者に貸し出す仕組みであった。そこでは、小売業者らは共同仕入れ、大量購入、近代的な販売方法を採用することとされ、この仕組みで生鮮食品の価格を下げることをはかっていた。これは翌年に人口50万人以上の大都市に対象を拡大し「食料品総合小売市場管理会法案」として国会に提出された。流通を合理化して価格を下げるという仕組みが、当時拡大しつつあったスーパーマーケットと同じだったため、「国営スーパーマーケット法案」と呼ばれた。

結局、小売業者の大反対などもあり最初の国会では成立せず、継続審議が重ねられた後、1965年に廃案となった。成案には至らなかったが、物価上昇の対策として規模拡大による流通の合理化という方法が、公的に検討されたのである。

同じく1963年には、6章で取り上げた指定産地制度も東京都限定で先行的に始まっていた。その後1964年に名古屋、京阪神市場に広がったのち、1966年に法制度化され、全国に広がったという経緯だ。つまり、政府は指定産地制度と国営スーパーという、産地対策と流通対策の二つをセットで行なう予定だったのである。当時、都市住民の食を安定的に供給するために、大量生産、大量販売という方法が「ふさわしい方法」だと考えられたのだ。国営スーパーは実現しなかったが、その後、スーパーマーケット自体がシェアを拡大したことで、構想は現実のものとなったと言うこともできるだろう。

農業構造改善事業による産地の大規模化（6章参照）、スーパーマーケットの普及による仕入れの大規模化が進むと、大都市の中央卸売市場には、全国から野菜が集まるようになった。たとえば、東京都中央卸売市場では、1955年には南関東からの入荷が64%だったものが、1960年には56%、1965年に45%、75年に34%になったという。[*6] 他の地域からの入荷が大幅に増えたために、近郊からの入荷が割合として減ったのである。

これは、大都市の中央卸売市場が、増加した都市人口の食料を賄うために全国各地からの集荷に力を入れたからではない。地方の大規模産地が、地場の卸売市場を飛び越えて大都市の大規模卸売市場に出荷するようになったからである。構造改善事業で産地が大規模化してくると、大量にできた野菜を出荷するには大規模卸売市場のほうが都合がよかったのだ。つまり、出荷側の方針により、大都市の中央卸売市場に荷が集まるようになったのである。

卸売市場では持ち込まれたものを断る「受託拒否」が禁止されているため、個別の市場で受け入れをコントロールするのは難しく、大都市の中央卸売市場では、その地域での需要を超える過剰集荷が常態化するようになった。過剰に集まった野菜を売りさばくため、地方の市場に転送されるようになった。

このような、大都市の中央卸売市場を経由して地方の市場に転送される状態は、集散市場体系と呼ばれる。1960年代後半に集散市場体系は形成された。

全国広域市場体系への進展で地場の野菜が入手困難に

集散市場体系は野菜の流通経路が伸びるということでもあった。『都市の成長と農産物流通』[*7] を著わした樫原正澄によると、集散市場体系は三つの矛盾を引き起こしたという。一つ目は、大都市中央卸売市場に出荷してから地方に転送されるシステムは、必然的に流通コストの上昇につながり、結局、安い仕入れ、高い販売価格として生産者や消費者の負担となったことである。

二つ目は、長距離輸送システムを支えるために出荷規格の厳格化、包装形態の段ボール化が進み、出荷経費が増大したことである。地場の市場であればリユースできる木の箱でよいが、回収する手段がないため、段ボールに変わっていったのだ。また全国からの荷が集まるところに出荷するため、全国の産地がライバルとなって産地間競争が激しくなり、見栄えを良くするための過剰包装につながったという。これらは農家の負担を増大させた。

三つ目は大産地の形成と専作化の進展に伴って連作障害が発生したことである。「連作障害に伴う病害虫の発生は大量の薬剤散布を必要とし、また連続出荷のための化学肥料や土壌改良剤の多用は地力低下を引き起こしている」と樫原は述べている。連作障害については、1960年代後半ごろから各地で問題になり始めていたようだ。キャベツの産地となり、出荷量の80～90％を関東圏に出していた群馬県の嬬恋村でも、1970年ごろから連作障害が問題になっていたと新聞にある。[*8] 生産量の低下や地力回復のための資材の購入は、農家への負担となった。

もともと効率化のために進められた大規模生産、大量流通であったが、それは結局、流通のためのコスト（出荷コストと流通コスト）の増大につながったのである。

集散市場体系の矛盾を解決するため、1971年には卸売市場法が制定された。それまでは1923年に食料供給安定のために策定された中央卸売市場法に基づいて中央卸売市場が設置されており、地方卸売市場は国の管轄ではなかった。新たにつくられた卸売市場法は対象に地方卸売市場も加えることで、卸売市場の計画的な整備と全国的な流通の統制をはかることが目指された。

卸売市場法制定後、人口20万人以上の地方都市に中央卸売市場が積極的に整備されたことによって、大都市に集中しがちであった出荷は、それ以上の集中は抑えられた。しかし次第に、地方都市の中央卸売市場に全国から直接荷が集まるようになった。大型産地の出荷団体が、大都市の中央卸売市場にまとめて出荷するのではなく、整備の進んできた地方の中央卸売市場に分散的に出荷するようになったからだ。

生活が豊かになるにつれ、消費者が多品目を購入するようになると、小売商は品揃えをよくするために他の地域からのものを積極的に買うようになった。そうすると生産者は、地場の卸売市場に出荷するよりも遠い場所に出荷するほうが、高い値で買ってもらえたのである。これに加え、道路網の整備や情報システムの進展もあり、全国を対象とする広域な市場のシステムが形成された。この変化は、これを明らかにした藤島廣二によって「全国広域市場体系」と名づけられた。[*9] 結局、野菜の長距離輸送は解決されなかったのである。

この過程で、もともと地域流通、地場流通を支える役割をもっていた地方卸売市場は統廃合が進み、地方卸売市場では、軟弱野菜や、伝統野菜などの高級野菜の流通は残ったものの、日常の野菜が地場で流通することが難しくなった。

こうした流れが「旬のものを食べるのが難しい」ことの背景にある。すでに流通形態がそうなっているため、現在では八百屋でもスーパーマーケットと同じような旬のない品ぞろえのことが多い。

生鮮食品の流通においては、誰もが食料を容易に手に入れられることが重要である。これをアクセシビリティ（入手可能性）という。大都市化が進み大都市への生鮮食品の供給が不安定になったなかで、アクセシビリティを高めようとしたこと、そのために効率よく運送しようとしたことは、その目的においては合理性があった。

しかしそれは、大規模農業、効率的な流通、そのための農産物の規格化を必要とし、流通のためのコスト上昇として、結局は野菜の価格に転嫁されることになった。そして、旬がわかりにくくなり、食文化の重要な部分を失うことにもなった。

そして、もう一つ忘れてはならないのは、この大元に大都市化という事実があることである。農業の改革や市場形態を含めた流通の改革は、大都市内の食料供給が不安定になったとき、国が大都市を抑制する方向ではなく、効率的に供給するほうに力を入れたということだ。地方都市や地方の農村が地域性を発揮して真の意味で豊かになるためには、国土計画は、食料供給、流通の面からも考えられるべきである。

スーパーマーケットでは店と客の関係も変化した

スーパーマーケットが登場し、先に述べたように、店舗での変化としてセルフサービスという形式が登場した。これに関して、１９６２年のスーパーマーケットに関する朝日新聞の社説に次のような記述がある。

> スーパーマーケットが扱う商品は、お客が自分で選んで勘定場まで持参するのが建前だから、大部分が、ビニールやセロファンで包まれていること、商標その他の表示によって品質や市価が判断できる品物でなければならない。当然、大量生産のきく商品ということになる。[*10]

言われてみればそのとおりである。単に販売形式が変わったというだけでなく、それに伴って商品にも変化があったということに気づかされる。

1963年にはスーパーマーケットの安売りに対する特集記事に、買い方の指南がある。[*11] いくつかピックアップしてみよう。一つは「なぜ安いかを見きわめる」。大量に仕入れているから安いのか、品質に問題があるから安いのか見きわめる必要性が説かれている。当時、仕入れの効率化で安売りするスーパーマーケットに乗じて、品質の悪いものを安く売り、スーパーマーケットのように売る店も登場していたらしい。それもあって、安い理由を見きわめるのが大事だとされた。

次は「買いすぎない」。特売品で人を惹きつけるのが当時のスーパーマーケットの特徴であった。特売品があり、しかもセルフサービスとあれば買いすぎてしまう人も出ていたようで、衝動買いではなく買い物リストをつくってそれに従うことが推奨されている。

そして「往復に専門店へ」という項目では、デパートや専門店に立ち寄って、いろいろな商品を見ることで商品の価値が把握でき、「安売り店の功徳もわかる」と書かれている。

つまり、いずれも買う側が賢くならなければならないことを述べている。こうした記事はその後も数年にわたりときどき登場する。スーパーマーケットが登場してセルフサービスになったことで、売る側と買う側の関係性が変化したということだろう。

それまでは八百屋で相談しながら、あるいは今日のおすすめや食べ方を聞きながら買っていた。「見栄えは悪くても美味しいんだ」とか、野菜の見方を伝授されることもあったのではないだろうか。顔なじみの客との信頼関係のなかで、プロとして野菜の知識をもって対応していたはずである。まさに、「長ネギは夏にはない、あったとしても美味しくない」と言える関係だったと思われる（イタリアでは、信頼関係がなくても言われたのだが)。

一方、セルフサービスでは、店と客が商品とお金を介し、お互いいかに有利に売り、買うかという関係になった。こうした関係では、店は客の要望になるべく応え顧客を獲得しようとし、あるいは客の購買意欲をあおり、できるだけ高くたくさん買ってもらおうとするようになる。セルフサービスは、単に店舗での手間や労働力にとどまらず、店と客の関係、商品のあり方にまで影響を与えうるものだったのである。

農作物につけられた「高級化」という品質

スーパーマーケットが台頭してきてしばらくすると、売る側も買う側も変化した。豊かになってきた日本では、生活にも変化が出て、スーパーマーケットに期待する機能も変化してきたのだ。すでにみたように、もともと安いことを売りにして始まったスーパーマーケットだが、次第に何でも揃うことが売りになってきた。経済の発展とともに人びとが忙しくなってきて、1か所ですべてを買い揃えられることが求められるようになったり、食生活が豊かになって、多品目の野菜を買えることが、消費者にとっての価値になっていったからである。

野菜の流通や生産の問題を指摘した書籍『管理される野菜』[*12]によれば、昭和40年代に中央卸売市場の大手荷受会社が「高級化」をはかったという。荷受会社の利益(手数料)は、一律に決められていたため、高度経済成長が一段落して取扱量が頭打ちになると、利益も頭打ちになった。量が増やせないなかで利益を増やすため、野菜の単価を上げることで手数料(すなわち利益)を増やすという戦略に出たのである。

同書によると、高級化の方法には三つあり、一つ目は季節性をなくすことであった。初物を重宝するという文化を逆手にとって、季節を外すことで高級化をはかったという。当然、季節をずらして栽培すれば、農家や土地、環境に負荷がかかる。

二つ目は野菜の種類による高級化だ。西洋野菜など、当時珍しかった野菜を販売することで、単価の高い野菜を売るようになった。多品目を食べなければならないというような「栄養主義」が流行ったこともあって、人びとはより多くの野菜を食べるように変化していったようだ。たしかに、私が子どものころは1日に30品目食べることが推奨されていた。当時はそういうものかと思っていたが、よく考えたら地域の農産物で食事をつくろうと思うと、30品目は無理だ。

三つ目は、規格の高級化であった。味も栄養も変わらないのに、大きくてまっすぐなキュウリが「高級」とされたと同書には説明がある。たしかにこれもそうだ。私は新ショウガが好きで、徳島にいたときには産直市でよく買って食べていた。千切りにしてキュウリやオクラと混ぜ、だししょうゆで味付けし、ご飯や冷ややっこにのせて食べると美味しい。

東京に来てから新ショウガを買おうと思ったら、すごく高くてびっくりした。ショウガはグローブのような形で生長するが、その形を完全に保った大きな新ショウガしか売られていない。産直市では、グローブの指部分がそれぞれ分けられた5～10㎝くらいの塊がいくつも袋に入って売られていたが、東京のスーパーでは、「立派な」ものしか見つからない。どうせ刻んで食べるので完全な形でなくてもよいのだが。

必要のない品質を確保するために、農家は慎重に掘り起こす必要がある。労働力の問題だけでなく、規格があることによって、規格から外れた小さいもの、割れたものは安く買いたたかれることにもなる。『管理される野菜』では、こうした「高級化」によりつけられた価値を、味、栄養といった実質的な価値に対して「虚偽の価値」と呼んでいる。豊かになった消費者に向け、つくられた価値を普及させ購買意欲をあおるのは、セルフサービスという環境も手伝って、おそらくそんなに難しいことではなかったのではないだろうか。実際、今はそれが当たり前になっている。

イチゴについて考える

ここで、この「高級化」の品質がどれだけ私たちの生活に入り込み、農家や環境に影響を与えているかを考えるために、イチゴを旬と規格、品種の点から考察してみたい。露地で自然に育てた場合のイチゴの旬はだいたい5月である。多くの人はイチゴといえばクリスマスのイメージがあるのではないだろうか。たしかにクリスマスのころから春にかけて出回っているのが、現在のイチゴである。

そのような状況の発端となったのは、1970年ごろである。イチゴをハウスで加温し、夜にも照明をともすことで促成栽培をする技術が確立した。促成栽培は露地栽培の3倍ちかくの収量となり、旬より早い時期に売れるため、農家もよりよい収入を求めて取り入れたそうだ。促成栽培のイチゴを普及させるには、冬にイチゴを売る必要がある。そのため、クリスマスにイチゴを食べるというキャンペーンが張られ、それが今ではすっかり定着し、イチゴの旬を間違えてしまうほどの状況になった。

しかしイチゴの促成栽培は石油に頼っている。1973〜4年のオイルショック時に、「石油とイチゴ」という見出しの記事が新聞に掲載されている。[*13] イチゴの産地であった奈良県の農業試験場技師による、記名記事である。効率化の波に乗れず過疎化した地域の農家のためになると思って開発した技術だが、石油危機で農家が再び大変になっている状況を前に、技術開発とは何なのだろうかという疑問をもったという話である。

外からのエネルギーを使用する栽培方法は、オイルショックという外的なインパクトに多大な影響を受ける。5章で説明したように、日本が産業立国に邁進するなかで過疎が起こった。つまり、外からの影響で過疎が起こったのだが、その過疎を何とかしようという思いで開発した技術が、また社会情勢に影響を受けているのである。

彼は、「もっと長期的な見通しの中で技術改善をはかりたい」というが、「それにはおそらく本当の意味の『国づくり』がなされなければ不可能ではないだろうか」という言葉で記事を締めている。これ以上の説明は書かれていないが、「本当の国づくり」とは何だろうか。過疎化した農村が、その時々に「売れるもの」を開発することではないことは確かだ。

続いて、規格という品質についてはどうだろうか。この記事には、農家の話として次のような記述がある。少し長いが引用してみよう。

消費者の皆さんとわしらがもっと連帯意識をもたんといかんと思います。現在の流通機構ひとつにしても、消費者とわしらが損している面が多い。ささいな例かも知らんが、イチゴでは大小何階級にも分けてきちんと並べて売られてる。しかし、大小では味も栄養も変わらんですよ。大小コミでバラ詰めなら、わしらも手間が省け、今より安くいたみが少ないイチゴが食べれるはずです。今の形は要するに中間業者が高く売ってもうけ易いためとしかいえんですわ。

たしかに、イチゴ売り場では、大きさの揃ったものがきれいにパックの中に並んでいる。一方、イタリアで売られているイチゴは、パックに無造作に積み上げられ、その大きさも、ことによると品種までもがバラバラである。売り物のケーキをつくるなら別だが、消費者として食べるだけならそれでも何の問題もない。パックに並べる作業は手作業で手間がかかり、その分高くなる。消費者が「大きさの揃ったイチゴがパックに整列している」という品質を求めているわけではないなら、、今の値段でバラ詰めでも問題ないのではないだろうか。

以前、そんな疑問をイチゴ農家の人にぶつけてみたことがある。そうすると「形を揃え、きれいに並べて出荷するのが農業というもんだよ」という答えが返ってきた。引用した新聞記事は、規格化による高級化の初期で、農家も疑問をもっていたのだと思う。しかし今は、消費者のみならず生産者にとっても、規格に従うことが当たり前になっているということだろう。当たり前になっているから、規格化は他との差別化にはならず、当初の「高級化」という目的はもう機能していない。

大きさや形を揃える「高級化」は、農業を必要以上に労働集約的なものにする。引用した農家の話にあるように、消費者と生産者が「連帯意識」をもって、真に必要な価値は何なのかを再検討する時期に来ているのではないだろうか。

最後に品種である。今、日本ではイチゴの品種開発が盛んに行なわれ、新しい品種が登場するたびに流行している。テレビや雑誌でも、どの品種が美味しいなど、特集が組まれることも多い。農家は新しく開発された品種に合う栽培方法を実践すべく、日々努力しているが、やっと安定してつくれるようになったころには他の地域で新しい品種が登場する。

これも、流通側の戦略でもあるし、それに乗ってしまう消費者の選択でもある。消費者が流行のイチゴに飛びつくかぎり、品種開発競争は続き、農家はそれに適応するために多大な労力をかける。

日本では「とちおとめ」とか「あまおう」とか、私が住んでいた徳島には「ももいちご」という品種があり、それぞれブランドとなっている。ここでまたイタリアに目を向けてみたい。イタリアのほうが良いという訳でもないが、「当たり前」と思っていることを外から見るには、時代あるいは場所を変えて異なる文化、価値観と比較するのがわかりやすいのだ。

イタリアではイチゴはだいたいfragola（イチゴ）としてしか売られていない。どの品種が美味しいとか、消費者はあまり興味がないように見える。もちろん、4章で説明したように、その地域の環境に支えられて発達した品種（テリトーリオ産品）には、それ自体が特別視されているものもある。しかし、土地と結びつかない品種改良競争による品種がことさら取り上げられるのは、見たことがない。そもそも、農産物は自然のものであり甘味や酸味、大きさを人間の意のままに操ることはできない。それを日本では、あれが美味しいとか、今年はこれだ、というようにデザイン可能な工業製品のように扱っているのが現状だ。

品種開発による高級化は、よりよい収入に結びついてきたのかもしれない。しかしそれは労働の集約化につながる。イチゴはより繊細になり、栽培に手間がかかるようになってきた。そのため、近年の「高級な」イチゴには、クッションやマットを敷かれているものもある。過剰包装にもつながっているのだ。

日本には、イチゴに限らず野菜や果物そのものに、ことさらに美味しさを追求する風潮がある。たしかに植物を食用にするためには品種改良は必須だ。今、食用となっているものも、その成果である。しかし自然物である植物を過度に品種改良すれば、その品種にふさわしい栽培環境は限定され、ハウスや購入した資材による土壌改良など、「地域の自然」ではない栽培環境を整える必要が出てくる。また、高い技術を必要とするために新規就農者の参入障壁ともなる。土地と乖離した品種改良競争はどこに着地するのだろうか。

このようにみてくると、より良い農村環境や農村社会、つまり良い「風景」のためには、産地や栽培方法以外に、栽培する品種にも着目する必要があることがわかる。それらの与える影響は、地域の環境、経済に加え、労働にまで及ぶからである。高度な技術を使う農業は、それを求める消費者がいるかぎり高収入につながるかもしれない。しかしそれは同時に、農業を過度に労働集約的なものにし、将来的な農業者人口を減少させることになる可能性がある。

「農業はそんなに簡単なものじゃないんだよ」というのはよく聞かれる言葉だ。たしかに簡単ではないと思う。しかしそれは、自然との対話の難しさであってほしい。現状は、消費者の欲望を満たすために農業が難しくなっている部分もある。都市と農村の「選ぶ—選ばれる」という関係がつくっている状況である。

私たちはどんな消費ができるだろうか

では、私たちは何を食べたらよいのだろうか。私の大学院の授業では、「農村の環境、社会、経済に配慮した食事を実践する」というレポートを出している。つまり自分なりに「風景をつくるごはん」を考え、実践してみましょうというものである。実際には、実践したうえで課題を抽出し、解決策を考えるというものだが、資料を調べるなど机上だけで考えるのではなく、まずは実践してから考えるレポートである。

買い物をする段階で学生たちの行動は大きく五つに分かれる。①有機栽培のお店に行く、②産直市で地産地消を実践する、③ファーマーズマーケットに行く、④ECサイトで野菜を購入する、⑤規格外の野菜を買う、である。産直市やファーマーズマーケット、ECサイトなどは、スーパーマーケットや八百屋などの主流の流通とは異なり、代替的な流通という意味でオルタナティブ・フード・ネットワーク（AFN）と呼ばれている。AFNには、地域住民が支え合うCSA（Community Supported Agriculture）も含まれるが、農家との長期間のかかわりになるのでレポートでは実践しにくく、学生の選択肢には入ってこない。

ここからは、それぞれのAFNについて学生の感想も交えながら考えてみたい。まず、有機野菜のお店である。学生にとって「地域にとって良いこと」と聞いて思いつく代表的なものの一つが有機野菜のようだ。ただ実際にお店に行ってみると、違和感を覚える学生もいる。季節感がないからである。

先に紹介した『管理される野菜』でも、消費者が高級化を求めたその延長に有機野菜が位置づけられているのではないかという懸念が示されている。本来、地域ごとに個性があり、画一生産を拒むものだったはずの有機野菜が、「新しい規格」になってしまっているのではないかというものである。その土地、その季節につくれるものを食べるのではなく、買いたい野菜の品質の一つとして、有機栽培のものを選んでいるという意味だ。栽培方法だけを気にするのでは、有機栽培もまた、品質の一つとして消費されてしまう。

つぎは、産直市での地産地消である。地産地消は小中学校の教育でも取り入れられているせいか、これも学生にとって思いつきやすいようだ。東京の大学であるが、通学範囲も広いため、家の近くに産直市があるという学生もいる。

産直市で野菜を買ってみたものの、普段料理をしない学生はそこから何をつくるかというのはなかなか思いつかないらしい。手に入る野菜から献立を考えるのは、かつては普通であったが、今は食べたい料理から材料を揃えるのが普通だからである。しかし、現在ではいろいろなレシピサイトがあるため、買った野菜をどんな料理にできるのかインターネットで検索して料理することができたとレポートにはあった。

産直市の課題としては、車でしか行けないところに産直市がある、早く閉まるなどがあげられていた。量的な問題もあるだろう。都心の人びと全員が地産地消できるわけではない。産直市は、前述したアクセシビリティの点では課題が残る。これはＣＳＡも同様である。

地産地消はこれから進めていくと都市の大きさのコントロールが同時に必要である。大規模生産、大規模長距離流通が始まったきっかけに大都市化があったことから逆算すれば、大都市や一極集中の是正をしないかぎり、地産地消は難しいのだ。なお、地産地消に都市政策が必要であることを指摘した学生は、これまでの受講生延べ約１５０人のうち１人だけいた。

つづいてはファーマーズマーケットである。農村部でイベント的に行なわれるファーマーズマーケットもあるが、学生が行くのは都会で開催されるファーマーズマーケットで、だいたい青山ファーマーズマーケットだ。ここを買い物先として選んだ学生は、出店している農家から話を聞き、農業に対する理念やいろいろな環境配慮の方法があることを学んでくる。ファーマーズマーケットは、農家と消費者が直接交流できる場であり、都会の人びとが産地を知ることの出来る場である。先に引用したイチゴ農家の言葉にあった「連帯意識」も生まれるだろう。何が本当の意味での品質なのかをお互いに共有、確認する場にもなるのではないだろうか。

実際、ファーマーズマーケットに行った学生からは、勉強になったという感想も多く聞かれる。その一方で、全員が「高い」と言う。たしかに、特に都会で行なわれるファーマーズマーケットでは、農家自身が遠くの産地から運んでくる費用は相当なものだろう。それが妥当な値段だとしても、学生が高いと感じるのはおそらく事実だ。農家と消費者が直接交流できるファーマーズマーケットは、学びの場としては大きな意義をもっているものの、食料供給の機能はあまり大きくないといえるだろう。

ＥＣサイトはどうだろうか。コロナ禍で農家から直接買えるＥＣサイトが有名になったこともあって、これをレポート時の購入先に選ぶ学生もいる。農家から直接買えることが、良い買い物のイメージになっているようだ。いろんな農家を選ぶことができたという感想が多い。しかし、消費者がいろいろ選ぶことができるのは、つまりは選ばれる側もいるということである。

選ぶ側が、産地の環境、社会、経済を考えて買うならよいが、もし「直販だから安い」ことを理由に買うのであれば、ただ競争が激化するだけになる。現在の消費の価値観をもった消費者が「自由に」選ぶことができるとなれば、「直接やり取りできるから良い消費につながる」とは必ずしも言えない。また、個人対個人の配送は、配送時のCO_2排出量増加にもつながる。

契約農家から仕入れているお店型のECサイトでも、消費者は品揃えのなかから選んで買う。消費者が好きなものを選んで買うという意味では、スーパーマーケットと変わらないかもしれない。したがってこの形式が良い消費につながるかどうかは、ECサイトの仕入れ時の理念や基準に左右されるのだ。[*14]

一方で、ECサイトでも定期宅配タイプで、定期的に野菜の詰め合わせが届くものがある。その季節にとれるものを詰め合わせて送ってくれるので、食べたいものを選ぶのではなく、消費者は、送られてきた季節の野菜を何とかして食べるのである。その意味では、限られたものしか売られていない産直市と似ている。

なお私は、東京に来てすきとく市（序章参照）が身近にない環境になってからは、このシステムである「坂ノ途中」を利用している。有機JASなどの認証をとっていなくてもそのような栽培をしている農家（第三者機関が審査する認証をとるのは手続きの負担が大きいため、必ずしも認証取得を条件にしていないそうだ）、なかでもまだ生産が安定しない新規就農者からも仕入れることで、「100年先も続く農業」を目指している。現在ではそれほど規模は大きくないが、理念を保ったまま、アクセシビリティを改善できるかがカギとなるだろう。

最後は、規格外の野菜を買う、である。食と環境に関する話題では、フードロスの問題もよく言われているため、学生にとって、規格外の野菜を買うことに良いイメージがあるようだ。たしかに、捨てられてしまうようなものを買うのはある一面では良いことだと思う。しかし、売る側が、規格外であること、だから安いことをことさらに強調して売るのは少し不気味だ。規格をつくっているのも売る側だからである。規格がないことと規格外であることは、全く異なる。安い値段で設定された規格外の野菜を買うのは、長い目で見れば、規格というシステムを助長することにつながるのではないだろうか。

以上、ＡＦＮの特徴をいくつかみてきた。短期的な視点や長期的な視点、良い風景に貢献するものが流通することと、アクセシビリティの問題など、それぞれの流通形態はいろいろな視点から評価ができる。それぞれ一長一短がある。

そのため、１つの方法で理想的な流通をつくるのは現状では難しいと言えるだろう。フランスでは、市場流通のような主流の流通に加え、このようなＡＦＮを組み合わせて地域ごとに供給を考える「地域圏フードシステム」の構築が目指されている。[*15]

地域圏フードシステムについて研究している新山陽子によると、地域圏フードシステムとは、「ある地域範囲の地理的空間に位置する農業・食品チェーンの結合した全体」のことであるという。地域のＡＦＮを既存のフードシステムと結合させ、既存のフードシステムを地域圏レベルで変えようとしているそうだ。地域づくりと食が連動して考えられていると言える。アクセシビリティを保ちつつ、流通とその先にある農業を変えていくために、まずは主流のフードシステムを主軸にし、そこにＡＦＮを組み入れる。将来的に環境意識が高まり、消費の変化、それに連動した農業の変化が起これば、それぞれの流通の割合は良い方向に動かしていけるのではないだろうか。

注

＊1　Nel terzo trimestre peggiorato il trend negativo dei consumi di ortofrutta, salgono I prezzi　https://www.csoservizi.com/nel-terzo-trimestre-peggiorato-il-trend-negativo-dei-consumi-di-ortofrutta-salgono-i-prezzi/（2023年6月4日閲覧）
＊2　今川正彦、大都市と農業地、「造園雑誌」、2（2）、1935
＊3　朝日新聞1962年12月27日
＊4　朝日新聞1963年12月29日
＊5　1979年までは『管理される野菜』、農文協、1985のデータ、1994年以降は「野菜の生産・流通の現状」、農林水産省、2012をもとに作成
＊6　藤島廣二、地域農業の展開と流通研究の役割、「農林業問題研究」、36（4）、2001
＊7　樫原正澄、『都市の成長と農産物流通』、ミネルヴァ書房、1993
＊8　朝日新聞1976年2月13日
＊9　藤島廣二、『青果物卸売市場流通の新展開』、農林統計協会、1986
＊10　朝日新聞1962年12月27日
＊11　朝日新聞1963年5月9日
＊12　農文協文化部、『管理される野菜』、農文協、1985
＊13　朝日新聞1974年1月22日
＊14　渡邊春菜、真田純子、環境・地域社会の持続可能性の観点からみた日本国内のAFNsの把握、「ランドスケープ研究（オンライン論文集）」、16号、2023
＊15　新山陽子、地域圏フードシステムと食料政策の構築にむけて、「立命館食科学研究」、7号、2022

第8章

地域の環境が生み出す個性ある石積み

石積みは農村らしい風景の一つである。各地で異なり、地域性のある風景をつくりだす。しかし今、石積みを維持するのが難しくなっている。農地の石積みが地域の個性になるのはなぜなのか、それを維持しにくくなったのはなぜなのか、探っていこう。

再注目される農地の空石積み

農村風景を構成するものには、生産にかかわる農業活動だけでなく、農地の基盤もある。むしろ「見た目」の変化としては、農地の基盤の影響のほうが大きい。2章でも紹介したように、CAPが対象としているものにも、生産に直接かかわる農業活動だけでなく、段畑や水辺などが含まれている。また6章で述べたように、日本の農業構造改善事業で農地を大規模化し、地形に沿った畔が直線的になったという変化もあった。

本章では農業基盤の一つとして、私の取り組みの対象でもある石積みの話をしたい。まず、農地を構成する棚田や段畑の石積みの基本的なところから話を始めよう。中山間地域には平地が少ない。そのため、なるべく水平な農地をつくるために、段をつくることが多い。この段の「立ち上がっている部分」は、伝統的には、大きく二つの種類に分けられる。石を積んで出来ているもの、土で出来ているものである。基本はこの二つだが、これらの組み合わせとして、下段が石で上のほうは土のものもある。もともと石や土だったところが現在ではコンクリートに変更されているところもある。これらのうち、石を積んで出来ているものを石垣とか石積みという。

伝統的な石積みは、石と石をコンクリートやモルタルで固めることもなく、石だけでつくられていて、これを「空石積み（からいしづみ）」と呼んでいる。英語ではDry Stone Wallである。一方で、石どうしをコンクリートやモルタルで固めながら積む方法は「練石積み（ねりいしづみ）」という。ここで解説するのは、空石積みだ。

棚田や段畑の空石積みは、日本全体で見ると西日本により多く見られる。地形的には、当たり前だが中山間地域に多くつくられている。平地の少ない中山間地域では「普通の構造物」であり、それをつくるのは「普通の技術」であった。

しかし現在ではその維持が難しくなってきている。コンクリートの普及や公的資金を利用した農業基盤整備によって、物理的に石積みの構造物がなくなったという変化のほか、農村の過疎化、高齢化、兼業化の進展によって、積める人がいなくなっているからである。

実際には、積むこと自体はそれほど難しくないが、全く知識がない状態で積めるものでもない。農地の石積みの技術が失われていく一方で、お城などの文化財の修復が注目されることが多く、石積みは職人の高度な技術であるという認識も広まってしまっている。そのため、農地の空石積みが崩れたさいにも、空石積みで直すことが、そもそも選択肢に入ってこないような状況だ。

農地の空石積みが減少したのは、ヨーロッパでも同様であった。しかし彼の地では、2000年代に入ったくらいから再注目されている。2018年には、ヨーロッパの8か国が共同申請していた空石積みの技術が、ユネスコの無形文化遺産に登録された。登録の理由として[*1]、農村の各地に見られ、先史時代から多様な景観を形成しているとの理由がまずあげられている。これは歴史に着目した理由である。それに続く説明では、地域の自然資源と人的資源の「最適化」の手法であること、地すべりなどの災害を防ぐこと、生物多様性を高めること、農業に適した微気候をつくりだすことなどの役割があげられ、人間と自然の調和のとれた関係を構築する技術であるという理由が書かれている。

つまり遺産とは言うものの、過去に基づく価値だけでなく持続可能な環境や社会に着目した、将来に向けた価値があるというのが登録の理由である。

農地の空石積みが持続可能性に貢献する技術だと考えられ、それに価値があるとされている背景として、2章で説明したように、EUの農業政策が環境農業政策に移行したことが指摘できる。実際、空石積みはコンクリートやモルタルを使わず、自然物である石だけでつくるので、環境への負荷が少ない。コンクリートやモルタルの材料の一つであるセメントは、その製造工程でCO_2を発生する。原料となる石灰石や粘土などを高温で焼く過程で投入するエネルギーを起源とするCO_2と、主原料の石灰石が熱分解されるときに出されるCO_2である。

また、コンクリートやモルタルを使わないということは、壁の外と内部の土がつながっているということでもある。水や空気の循環を遮ることなく、生物の棲み処にもなるのである。

イタリアで出会った細長い石の石積み

農地の空石積みの利点には、地域性が現われることもあげられる。たしかに、各地の空石積みはそれぞれ雰囲気が異なり、地域の個性になっている［写真8－1］。これについて「地域ごとに積み方が違うんですよね」と聞かれることがある。そう思われることも多いが、実は石によって工夫の仕方は多少異なるものの基本的なところは同じである。

写真8−1｜いろいろな地域の石積み
上：イタリア・オッソラ地方
中：徳島県吉野川市
下：山梨県早川町

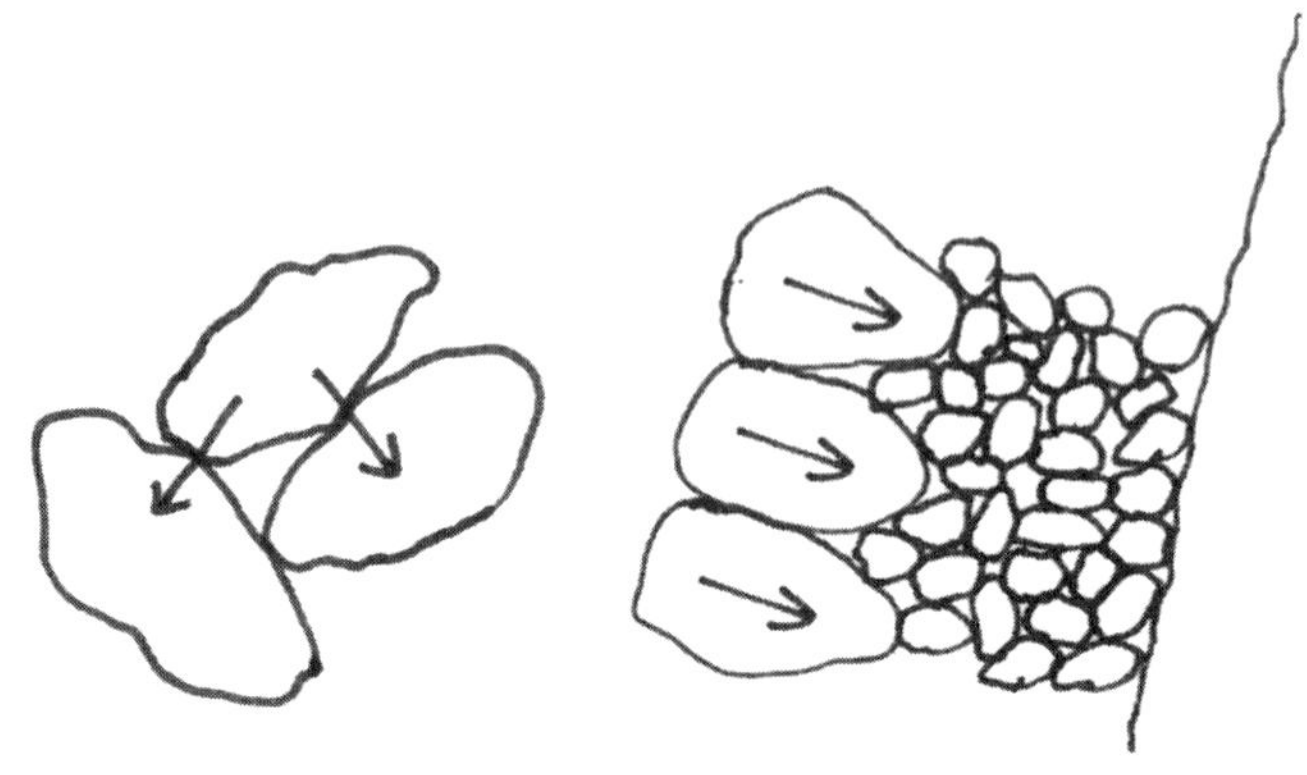

図8−1 | 石積みの基本的なルール／左：２つ以上の石に力がかかること（正面から見た図）、右：後ろが低くなるように石を置くこと、石の後ろにはグリ石を入れること（断面の模式図）

石の積み方の基本的なルールは、２つ以上の石に力がかかること、石が背後の土を抑えるように後ろが低くなるように石を置くこと、表面の「積み石」の後ろに「グリ石」と呼ばれる小さめの石の層をつくること。この3点である［図8－1］。これは石が違っていても共通している。ここに石に合わせて積み方の工夫が加わる。

２０１5年にイタリアに行ったとき、ひょんなことから石積みをすることになった。序章でも触れた段畑の国際会議の準備会で出会った人に誘ってもらったのである。誘ってくれたマルゲリータ・エルミリオは、チンクエテッレのヴェルナッツァというところで石積みをしている。

チンクエテッレとは「5つの土地」という意味で、イタリアの北西部の海岸沿いにある5つの町を指している。そのエリアは、国立公園や世界遺産にも登録されていて、そのうち北から二番目にあるのがヴェルナッツァだ。小さな港に面したコンパクトな集落は、ホテルやレストランが建ち並び観光客でにぎわっている。その集落を取り囲むように急斜面があり、それらの多くが段畑になっている［写真8－2］。

２０１１年10月に大規模な土砂災害に見舞われ、それらの

写真8−2　ヴェルナッツァの街と背後の段畑

段畑も多くが被害を受けた。そのころマルゲリータはイギリスに住んでいたが、父親が災害を機に農業をやめるというので、イタリアに戻って、父親から石積みを習うことにしたのだ。せっかく国立公園なのにもったいないと考えたそうだ。

私が石積みに行ったころ、マルゲリータは観光客に1つずつ石を運んでもらうなど、いろいろな試みをしていた。一般の人を集めた石積み修復のワークショップを初めて開こうというとき、私が日本で一般の人向けに石積みの講座を開いていることを知って、声をかけてくれたのだ。

いざ行ってみると、その地域の石は細長いものが多いことに驚いた。細長い石を壁にするため、大きめのブロック状の石の周りに細い石を敷き詰めるという方法で積んでいく。細長い石は表面には小口しか見えないため、小さい石の間に、ポツポツとブロック状の石が散りばめられているという形になる［写真8−3］。そういえばイタリア料理屋さんの壁で、これをモチーフにしたような壁を見たことがあるかもしれない、これが本物か、と感動した。

ところどころに入れるブロック状の石が、縦に並ばないよう分散させるのだと説明を受けた。なるほど、「2つ以上の

写真8−3 ｜ ヴェルナッツァの石積み

写真8−4 ｜ 石積みワークショップの様子

石に力がかかるようにする」という基本原理と考え方は同じである。いつも日本でやっている石積みと全く違うように見えて、基本の構造は同じなのだと理解した。

私はマルゲリータの家に泊めてもらいつつ、4日ほどワークショップに参加した［写真8-4］。マルゲリータは宿も経営しているため、たまにその用事でふらっといなくなる。その間、参加者が積み方に迷っていると私が教えざるをえない状況になった。初めての積み方でも、その石に合わせた積み方の説明を1回聞けば、教えられるほどに理解できていることに驚いた。基本原理は同じで、そこに地域ごとの工夫があり、それが地域性をつくっているのだと実感した。

農地の空石積みは土地がつくる風景

地域ごとに石が違うから、積み方も少しずつ違っていて各地の石積みは地域の個性をもつ。これは一見、当たり前のようである。しかし、これが実現するためには二つの条件が必要である。一つは地域の石を使うこと、もう一つは、石をあまり加工しないことである。

かつて、石積みをつくる目的は平地をつくって農業を営むことであった。石積みは、そこで生活するための手段だったといえる。生きるための手段としての石積みは、土を留める機能があればよい。立派につくる必要はないのだ。したがって、土を留めるための必要最小限の労力しかさかれなかったと思われる。職人が請け負って石積みをつくる場合は、その成果である石積みをなるべく立派にする必要があるが、それとは全く異なっていると言えるだろう。実際、私が石積みを習ったときも、私の師匠は、労力を節約しながら作業をするための工夫をたくさん教えてくれた。

最小限の労力しか使わないという行動原理は、近場の石を使う、加工しないというかたちになって現われる。なぜなら、ダンプなどもなかった時代、重い石を運ぶのには相当の労力が必要で、生活のための石積みをつくるのに遠くから運んでくるというようなことはしないからである。お城の石積みは、「良い石」を求めて遠くから運ばれたというが、庶民の石積みは近場の石を使うのだ。

近場の石を使うということは、石はその地域の地質や土地の条件によって決まるということである。基本的にはその地域の地質によって決まるが、氷河によって運ばれた石、火山の噴火によって飛んできた噴石など、少し離れた場所の石が使われることもある。しかしそれも含め、その土地ならではの石である。

そして、その石はなるべく加工せずに使用する。加工して形や大きさを揃えても、強度には影響しない。また、大きさや形を揃えようとすれば、その過程で割れてしまうこともあり、その分、余分に石を運んでくる必要も出てくる。労力や時間をとるだけなので、農作業としての石積みでは、加工は石の座りをよくするくらいの最小限にとどめるのである。

したがって、農地の石積みでは形も大きさもバラバラの石を使うことになる。石の並びにほとんど規則性がない積み方になるが、これを「乱(らん)積み」という。農地で見られる石積みの多くは乱積みである。ただし、これは地域の人たちが1枚1枚開いてきたような棚田、段畑でのことで、明治以降になって大規模なため池や用水路の整備を機に、一気に開いた棚田では、職人が整えた石で積んでいるところもある。

地域ごとに石が違えば、その石の性質ごとに割れ方も異なる。私が石積みを習った徳島県の美郷では、比較的層状に割れる片岩系の石が採れるため、枕のような形になる。同じ徳島でも吉野川の北側では砂岩系の石であり、割れる法則があまりなく、ブロック状の石となる。先に紹介したイタリアのヴェルナッツァでは、自然に割れる形が棒状だ。

こうして、近場の石を使う、加工しないという農村の技術であるからこそ、石積みには地域の表情が出るのだ。空石積みなら何でも地域性が出るというわけではない。空石積みであることの利点と、農村の空石積みだからこその利点は、その理由とともに理解しておく必要があるだろう。

石が技術を選ぶ

イタリアの北部、アルプスの麓のオッソラ地方には、石積みの集落が点在している。その地域では、薄く板状に割れる石が多く採れるからである。石の中にミネラルの層があり、そこに水が入り込んだ後に気温が下がると水が凍って膨張し、層に沿って割れるため、自然に板状になった石がたくさんある。積み重ねるのに向いている形状のため、建物の壁などの独立壁にも使いやすく、また、板状なので屋根材にも使われる。こうして石で出来た集落が多いのだ［写真8-5］。

この地域で建物や集落全体の修復をしているNPOに呼んでいただいて、2年に1回、日本の学生とゲシュという集落で石積みの修復をメインとした合宿をしている。初回である2017年に行ったときは、崩れている擁壁（土を抑える壁）の修復を行なった。

NPOの代表であるマウリツィオ・チェスプリーニが教えてくれたのは、この地域の石に向いている「布積み」という積み方であった。石を正面から見たときに水平になるように置き、石のつなぎ目である「目地」を水平に通していく方法である［写真8-6］。日本の農村でよく使われるのは、石を正面から見て斜めに置く「谷積み」を基本とした乱積みであり、一見、全く積み方が違うように見える。しかし2つ以上の石に力をかける、少し後ろに傾ける、積み石の裏にはグリ石を入れるという基本は共通している。

写真8−5 ｜ 屋根も壁も石で出来た集落（イタリア・オッソラ地方）

写真8−6 ｜ ゲシュの集落の様子。目地が水平に通る布積みで積まれている
写真提供：野村栄太郎

ただ、教えてもらった布積みは擁壁にしては少し精緻すぎる積み方ではないかと思う。実際、石の高さを揃えるため、調整用に使う適切な厚みの薄い石を探すのに、かなりの時間を使う積み方であった。マウリツィオは、石積みのやり方を教えてくれる人を見つけられなかったため、建物が崩れているところを観察して積み方を習得したそうで、建物に用いるレベルの積み方なのだ。

合宿での擁壁の修復にあたって、すでに崩れていた、土と石が混ざったところを学生とともに掘り返してみると、板状ではなく丸っこい石もたくさん出てきた。この地域はかつて氷河もあったため、氷河に押し流されてきた、上流のほうの石も出てくるからだそうだ。マウリツィオは、平たい石を「Piatto（皿）」、丸っこい石を「Patate（ジャガイモ）」と呼んでいたが、彼が知っているのは皿の石の積み方で、ジャガイモの石は手に負えないらしかった。

しかし、ジャガイモといっても、男爵ではなくメークインで、奥行方向に長さがとれるので、日本の石に慣れている私にはかなり積みやすい形に見えた。そこで、日本の積み方をしてもよいか聞いてみると、いいよとのことだったので、ジャガイモ石を使っていつもの谷積みをベースにした乱積みで積んだ［写真8-7］。

擁壁が完成するころ、トリノ工科大学のアンドレア・ボッコ先生が見学に来た。ボッコ先生は建物や暮らし方が地域の地形や地質、気候に根差していることを調査した『石造りのように柔軟な』という本（日本語訳も出版されている）[*2]も出していて、この集落は彼の研究対象地でもある。

ボッコ先生は、平たい石の布積みのところと丸い石の谷積みのところを見て、「石が技術を選ぶ」とおっしゃられた。さらっと言われた言葉だったが、とても印象に残っている。なるほど、どういう積み方をするかの主導権は石にあるのだ。もっというと、その土地で採れる石を使うので、土地が積み方を決め

写真8－7　|　皿の石で積んだ布積み（左）とジャガイモの石で積んだ谷積み（右）

ると言ってもよいだろう。序章で述べた、土地がメニューを決める「風景をつくるごはん」にも通じる考えである。

空石積みを使いにくいという状況

現在、石積みは存続の危機にさらされている。とはいえ、いろいろな所で目にするので、そんな大げさな、と思う人もいるかもしれない。たとえば耕作放棄は、農作業をする人がいなくなれば、すぐに農地の状況が変化し、状況が悪化していることはただちにわかる。しかし、石積みの場合は上手く積まれたものだと300年、そうでなくても50年くらいは十分にもつことが多い。したがって、積む技術をもつ人がいなくなっても風景はしばらく変化しない。タイムラグがあるのだ。そのため、あちらこちらで崩れた石積みが目立つようになり、多くの人が石積みがなくなりそうだと気づくころには、積める人が誰もいない可能性もある。実際、石積みの技術をもっている人はどんどん減っているので、危機的な状況なのである。

石積みが減少する要因には、積める人がいなくなっていることもあるが、それ以外に、公的資金を投入しにくいことや、地元の建設業者に頼もうと思っても、施工業者が空石積みをやりたがらないという事情もある。それらの大元の理由には、空石積みの設計基準がないことがあげられる。

たとえば、道路の設計に重要な役割を果たしているものに公益社団法人日本道路協会の道路土工指針がある。１９５６年に第1版が出された後、改訂や分冊化され、擁壁については第7版が出ている。

これらによると、１９８７年版までは、空石積みは主流ではない扱いであるものの、適切な勾配や控え長（奥行き方向の石の長さ）などの基準が示されている。その後の１９９９年版では「擁壁背面には裏込めコンクリートを設ける」と書かれ、空石積みはすでに想定されていない。最新版でも同様である。

このように、現在では空石積みの基準が準備されていない。国土交通省の人に聞くと、使おうと思えば使える、禁止されていない、と言われた。たしかに禁止はされていないのだろう。しかし、基準がないということは担当者の判断、責任のもとで使用しなければならないということである。

農地において空石積みが使用されない背景について、私と一緒に「一般社団法人石積み学校」を運営している金子玲大（れお）が、行政や施工業者に対して調査を行なっているので[*3]、それを見てみよう。

一つ目の調査は、２０２１年10月から12月にかけてアンケート形式で行なわれた。棚田１００選や重要文化的景観に選定された棚田や段畑で空石積みのあるものを選び、それの立地する自治体１０３団体に依頼し、42の自治体から回答を得た。

空石積みの課題として、半数弱の自治体が、技術をもつ人が地域内にいない、人手が足りないと回答した。そのほかの回答として「空石積みの工法を採用するのであれば過去の基準書を援用することが必要であり、文化財的な理由づけが必要。そのため文化財を扱う部局以外の対応が困難」などの回答もあった。

基準に基づいて施工することが前提とされていることがわかる。

また、予算の問題をあげた自治体も2割ほどあったが、その理由として「設計基準や過去の実績がないため空石積みの修復を補助金交付の対象とすることが難しい」「空石積み工法で生じる手間賃を設計に反映させることが困難」などがあった。空石積みの設計基準がないこと、公共事業で使う前提になっていないために積算できないことが問題だと言える。

二つ目の調査は、農地の災害復旧などを行なう小規模な建設会社3社へのインタビューである。空石積み工事における課題として、職人の不足、工事費用が高い、適切な積算ができない、強度の保証がないなどの意見があった。なお「高い」というのは重機を使い、石の形を整える石積みを想定しているためのようだ。

適切な積算ができないというのは、積算基準にない作業があるからとのことである。たしかに空石積みの修復では、崩れている石が材料になるため、土や石を手作業で選り分ける必要がある。一方で廃棄するものはないので廃棄費用を計上できない。石を積む前の準備一つとっても、通常の工事にくらべ不利になると考えられる。

また、強度の保証がないとの意見は、設計基準がないため、崩れた場合に施工会社の責任になる、とのことであった。

このように、空石積みが禁止されているわけではなくても、設計基準がないために、かなり使いにくいものになっていることがわかる。もちろん、個人で公的資金も使わず空石積みで修復するのは問題ない。しかし、公的な補助を受けるのが難しかったり、建設会社に頼んで修復するのが難しかったり、空石積みの保全が後押しされている状況にないのは確かだ。ちなみに、職人が足りないという問題は、空石積みが公的に使いやすくなれば解消されると考えられる（後述するように、空石積みの保全が進んでいるイタリアでは、若い空石積み職人が増えてきている）。

初期の近代土木事業における空石積みの立ち位置

設計基準がない、という点について、もう少し深掘りしてみたい。そこでいったん明治初期の公共事業に目を移してみよう。江戸末期に開国してから、日本には多くの西洋の知識、技術が入ってきた。江戸時代には主流であった空石積みは、その過程で次第に使われなくなっていく。

この変化の背景をみていきたいと思うが、その前に、明治初期の様子について説明しておこう。1868年の明治政府誕生前後から、世の中は大きく変貌した。お雇い外国人を迎え入れ、ヨーロッパから数々の技術や文化を取り入れ社会の仕組み自体をそっくり入れ替えたといっても過言ではない。そのなかには土木技術や土木施設も当然含まれており、それらを教える教育制度もまた新しい仕組みであった。

たとえば鉄道は、近代化を象徴するインフラだと言えるが、鉄道というシステムそのものはイギリス人技術者エドモンド・モレルによって知識がもたらされ、後には日本人が計画、設計するようになった。彼らは、西洋から取り入れた教育システムによる高等教育機関で、「近代土木教育」を受けた者たちであった。

新しく登場した鉄道はそれまで交通の中心であった徒歩や大八車にくらべスピードが速いため、線路の線形はそれ以前の道路にくらべカーブが緩やかである必要があった。登り下りの縦断勾配も緩やかでなければならなかった。したがって、山がちな日本では、それまでの街道整備とはくらべものにならないくらいの切土や盛り土が多数出現した。擁壁も多くつくられたことが容易に想像できる。

日本最初の鉄道開通は1872（明治5）年の品川～横浜間で、あまり起伏はなかったかもしれないが、1877（明治10）年には京都～大津を結ぶ18・2㎞の鉄道が起工された。途中には逢坂山（おうさかやま）トンネルもつくられたように、山岳地帯を通るルートであった。[*4]

後述するようにコンクリートの普及は明治中期以降のため、鉄道敷設工事も初期のころには石積み擁壁を利用していた。それを担ったのは、江戸時代から続く職人集団であった。[*5] つまり、近代土木事業の創期には、近代的な知識や人材と伝統的な技術や職人が一つの現場に共存していたのだ。

ここで気をつけておかなければならないのは、設計者、監督者と職人の関係は、現在と当時とではかなり異なるということである。近代教育を受けられたのはごく限られた人で、彼らの用いる技術・知識も、職人のそれとは全く異なる位置づけであった。

それを裏付けるものとして、1915（大正4）年の「工学」という雑誌には、次のような記述がある。

> 空積石垣の如きは適切なる理論を構成しないのであるから、理論を省き、書物にも余りない。実地に当て監督院の知らざるべからざる事柄即ち経験を積まなければ真に肯綮に当る監督をなし難く、特に学校出たての人たちが忽ち当惑するが如き事柄を集めて、貴重なる紙面を汚すこと〻せり。（「工学」、1915）

当時、専門誌を読むような高等教育を受けた人にとって、空石積みは理論的ではないという位置づけであったことがわかる。それでも誌面に掲載されたのは、実際の工事では使われていたため、監督をするには知っておかなければならないからだ。誌面に掲載することを「貴重なる紙面を汚す」と表現しているところからも、職人の技術である空石積みの位置づけがよくわかる。

コンクリートが規格化された材料となる

初期の近代土木事業で使われていた空石積みがどのように扱われ減っていったのか。学生が行なってくれた研究から紹介したい。明治時代から1950年代にかけての土木の専門書や専門雑誌をもとに石積みの扱いを考察した研究[*6]である。

当時の高等技術者は空石積みを理論的ではないと考えていたが、だからといって空石積みを「簡単である」と考えていたわけではなかったようだ。1912年の書籍『土木施工法』には「凡そ乾工（空石積みのこと：引用者注）は大なる熟練を要する」との記述もある。「理論はない」とされていたが、その分、経験を積んで習得する技術であると認識されていたのである。

この、経験に基づく技術は、次第にコンクリートに置き換わっていく。現在のコンクリートの材料であるポルトランドセメントが発明されたのは1824年、それが科学的根拠をもって説明されたのが1845年である。日本で初めてセメントがつくられるのは官営のセメント工場が建設された1872（明治5）年で、セメントやコンクリート技術の黎明期に日本でもつくりはじめたといえる。

コンクリート技術は、初期のころは技術として確立されておらず、各社がつくるセメントの品質もばらばらであった。1905（明治38）年になって農商務省が「日本ポルトランドセメント試験方法」を示し、統一の規格がつくられた。

ただし、これは材料の一つであるセメントの話である。セメントと水、骨材である砂や砂利を混ぜたコンクリートについては、それらをどの程度の割合で混ぜたらよいのか、まだ明確にされていなかった。鉄道や道路などの各部門で、それぞれが参照する欧米各国の基準を使ったり、あるいは現場の職人の勘に頼って練り混ぜられたりしていた。全国で統一的な基準が整備されたのは、土木学会が『鉄筋コンクリート標準示方書』を出した1931（昭和6）年である。

このように、コンクリートは明治から昭和初頭にかけて材料もつくり方も規格化されていったのである。コンクリートを使用する練石積みについての記述に着目すると、時代に応じて変化がみられる。まず、セメントの技術がまだ確立していなかったころの記述はこうである。

> 使用する石材の種類の如何を問はず、其の接合は、最も十分になし仮令「モルタル」のなきに拘はらず、崩落するがごときことなからしめざるべからず。（『土木学』、1908）

モルタル（セメントと水、砂を混ぜたもの）がなくても大丈夫なように積むこと、という意味である。1908年、1909年の別の書籍にも同様の記載がある。一方でコンクリートが標準化された後には次のような記述がある。

> 練石積みの場合は、間知石、割石、雑石は何れもコンクリートの前側型枠代用の役目をするに過ぎないから、より安い割石、雑石を多く用ひる。（『土木施工法』、1937）

コンクリートが主体であり、積み方も石もどうでもよい、との記述である。

こうした変化から、コンクリートの技術が確立されてくるにつれコンクリートの信頼度が高まり、積み方を気にしなくなったことがうかがえる。

基準の設定は材料の統一を必要とする

材料が統一され、基準がつくられる背景には、それを一律に管理したいという思惑がある。基準が出来る直前、1923年には関東大震災が起こり、多くの建物が倒壊した。これを機に、構造物の耐震性が重視されるようになった。それ以前の力学の進化もあり、この「耐震性」は数字で表現されるようになった。強さを設計段階で計算し、その強さを構造物で実現するには、材料が統一されている必要がある。

少し時代の下った専門書には、次のような記述がみられる。

> 空石積みに対しては一寸計算の仕様がありません。（中略）従って従来の模範的設計に準拠していくより外に方法はないものと心得て居ります。練積石垣の方は云はば石をコンクリートで固めて一体のものとした様な形になって居りますので重力式擁壁と同じ様な取扱い方が許されます。
>
> （『特選土木工学』、1942）

「従来の模範的設計に準拠」とは、経験的に正しいとされてきた積み方をそのまま行なうという意味である。空石積みは計算できないので経験に基づくしかないが、練石積みは重力式擁壁と同じように扱うことができると述べられている。コンクリートで固められていれば「工学的に」取り扱うことができるという意味だ。

第二次世界大戦後になると次のような記述もある。

石積工の強度は使用の石材質、施工の巧拙、モルタルの配合等に関係し、必ずしも一定しないが、大略の許容強度を示せば、第2・4表のとおりである。（表略）（『土木施工法』、1957）

石積みの強さは石の質や積む上手さ、モルタルの配合によって異なるが、だいたいこんな強さである、と数字を示しているのだ。これと同様の内容は別の著者の1953年の『土木施工法』にも記載がある。これらの書籍では、モルタルは目地に使うものとして書かれており、積み石の裏はグリ石を入れることが想定されている。構造的には空石積みと同様のものとして読むことができるだろう。

つまり、1950年代には数値で強度を表わすのがすでに前提となっており、計算できない空石積みを使用するため、大まかにでも数値で強度を表わそうとしたのである。

計算を精緻にしようとすれば、使用する材料は統一し、あらかじめ決めておかなければならない。また、当時の技術者では良し悪しが判断できず、施工の監理もままならない職人の技術で施工されることもなるべく避けたかったであろう。強度を数値で表現するようになるにつれ、そこから材料や職人の技術によって強度が変化する石積みが、公共事業からこぼれ落ちていったことがうかがえる。

基準化、マニュアル化が必要とされる時代に

空石積み工事における監督者と技術者の関係に関連して、次のような記述がある。

高さ一間の石垣にも五間の石垣にも総て同様の硬度を要求するは技術者として感心すべきことではなく、不条理の監督をなすは延て其監督員の権威を軽くするの結果となり、遂には命令も行はれなくなるものであるから、是等は経験と知識とに訴へ適当の裁量をなすべきである。（「工学」、1918）

どんなときでも同様の強度を要求すればよいかというとそうでもなく、現場の状況に合わせて対応することが必要であり、理想を押し付けるだけではかえって職人の反発を買うと書かれている。状況に応じて判断できる技能がなければ監督者と職人が良好な関係を築くことができず、工事がままならなくなるのである。

当然、監督者は職人ではないため、状況に応じた判断は難しい。彼らにとって空石積みが「使いにくい技術」と考えられたことは想像に難くない。一方で、コンクリートの施工基準は、現場でマニュアル的に使うことが可能であった。

1931年にコンクリート標準示方書がつくられてから、すぐにこの基準化、マニュアル化が役に立つ出来事があった。1929年の世界大恐慌のあおりを受けた昭和恐慌である。大量の失業者が出たため、

政府は1931年から1934年にかけて大々的な失業救済事業を行なった。最も多かった1933年には公共土木事業費の4割以上が失業救済事業に充てられたほどである。[*7]

これらの事業では、失業者を積極的に雇用するため、それまでに計画していた工事をそのまま失業救済事業にスライドさせるわけにはいかなかった。熟練した技術を要する構造物や施工方法ではなく、土木工事に携わったことのない失業者でもすぐにできるような技術を用いる必要があったのである。そこで、空石積みではなく、マニュアルに沿って施工できるようになっていたコンクリート構造物が好まれた。その変化は、石工などの熟練労働者が失業するという新たな問題が生まれたほどだったという。[*8]

このように、社会的な背景も絡みながら、基準化、マニュアル化されたコンクリートが標準的な材料となり、ますます「計算できること」「基準に従って施工できること」が当たり前の時代になっていった。

石積みが弱いから、欠点があるからその技術が捨てられたのではない。規格化できる、計算できる、誰でもできる、という、技術に求められる価値観の変化によって、石積みが表舞台から消えていったのである。設計基準がないから空石積みができない、ということの背景には、設計基準を必要とする社会のシステムがあるということでもある。

公共事業の近代化の過程で、「石が技術を選ぶ」というような、土地ごとに違う材料で、それに応じて人間の側が工夫するのとは全く逆の価値観に変化したと言うことができるだろう。

市場をつくり技術を継承するフランス

本章の冒頭でも述べたように、ヨーロッパでは空石積みの再評価が進んでいる。なかでもフランスでは、公共事業でも石積みを使い始めている。フランスの状況についてみてみよう。

石積みの活用に大きく貢献しているのは、2002年に設立された空石積み職人協会（Artisans Bâtisseurs Pierres Sèches: ABPS）である。[*9] フランス南部のセヴェンヌ国立公園には、公園の重要な要素として空石積みがある。それを保全するには技術の継承が必要であると、2000年に活動が開始された。

その後、設立まで2年かけて議論を重ねた結果、単に地域で技術の継承をはかるだけでなく、技術標準や施工のガイドラインをつくること、技術の評価システムを開発し資格をつくること、その資格を国の認定資格に押し上げることを目標に掲げることにした。

背景には、空石積みを公的な職業にし、市場をつくることが技術継承につながるという信念があったようだ。2016年にイタリアで行なわれた段畑の国際会議で、ABPS代表のキャシー・オニール氏と話をしたが、仕事がなければ技術の継承は難しい、仕事になるように公共事業で使えるようにする、そうすれば市場が生まれておのずと技術は継承されるのだと言っていた。

実際日本でも、1912年の本に「（石積み技術は：筆者注）子々孫々其秘法を伝授せるものなりと称せる現時は、此の如き大石積工を乾工にて施工することなきが故に、殆どこの秘伝も用ふる由なく漸次消滅に帰すべきものなり」という記述がある。[*10] 空石積みの大きな工事がないので、技術が消滅しかけているという意味である。技術は人に伝わるものだから、施工の需要がなければ継承できないのだ。

実際、ABPSは、協会設立後に石積みのトレーニング施設を設置し、2008年にはマニュアル本を発行して、まずは技術体系を整えた。その後、トレーニングコースの開発と実施、技術評価の方法を模索し、2010年に空石積みの資格がプロ資格として国により認められた。これは道路擁壁や遺産の修復などの工事もできる高いレベルの資格である。

また同時に空石積み擁壁についての科学的な調査も大学などと協力して行なっている。具体的には、抵抗や弾性、カーボンフットプリントなど、強度面、環境面からの研究が行なわれている。特に、環境面の研究は、これからの社会に向けた価値として捉えるもので、石積みを使う重要性を訴えるものだ。環境的側面で使う理由があれば、強度が推定値であったとしても、使う意味がある。こうした学術的成果に後押しされ、フランスでは空石積みが公共事業での選択肢に入ってきているそうだ。

２０１４年には、市場の開拓をより確かなものにするため、ＡＢＰＳは研究者や技術者と協力してプロフェッショナルガイドラインの作成に取り組み、２０１６年に発行した。これは現在、建設品質機関によって、建築および公共事業における「標準的な技術」として認められている。

２０１６年にはプロフェッショナルガイドラインに従って20か所で石積み擁壁が築かれ、10年間のフォローアップ調査中である。この結果によって、必要に応じてプロフェッショナルガイドラインの修正が行なわれるのであろう。このように、フランスでは公共事業において空石積みを活用する素地を着々と用意しつつある。

さらに興味深いのは、この技術標準が保険と結びついていることである。ＡＢＰＳは２０１４年に全国レベルの保険会社ＭＡＡＦから保険の枠組みを作成するよう要請された。というのも、フランスでは特に公共事業において施工者は10年間、構造物の保証をすることが求められている。あらかじめ瑕疵保険に加入し見積もりや請求書の段階で保険証券番号を記入しなければならない。

しかし当初、保険会社は空石積みの特性に詳しくなく、空石積み施工に対応する保険商品が用意されていなかった。大企業であれば個別に保険商品をオーダーできるが、個人でやっている職人にとっては難しく、職人が受注するさいの障壁になっていたのである。そこで、ＡＢＰＳは保険の枠組みを作成し、現在では他の民間の保険会社もその枠組みを使えるようになっている。

空石積みは構造計算ができないというのが、日本における課題の一つである。しかし、フランスのようにガイドラインを作成し、保険を掛けることによって計算できないという欠点を補うことも一つの手段であろう。経験則による強さの確認があったうえではあるが、強度の保証の仕方には多様な方法があることがわかる。

持続可能性を目標に石積み保全が広がるイタリア

イタリアでは、フランスのような組織的な動きではなく、イタリア全土で同時多発的に石積みの保全活動が起こった。最も早いものの一つは、１９９０年代後半にイタリア北部の地方都市コルテミリアの段畑を舞台にしたエコミュージアムである。２００５年から２００８年にかけては、ＥＵのアルプス地域間プログラム（Interreg Alpine Space Programme）の出資を受けて行なわれたＡＬＰＴＥＲプロジェクトもあった。序章でもふれたプロジェクトである。このプロジェクトはアルプスを取り囲む地域の研究者らによるもので、アルプスの段畑を対象としていた。直接的に石積み技術の継承を目的としたものではなかったが、研究のなかで石積みの構造や技術、役割についても扱われた。広範囲にわたる共同研究だったこともあり、段畑や石積みに携わる研究者の増加という効果もあったようだ。

もう少し実質的な石積みの「現場」に目を向けてみると、段畑の石積みを修復する取り組みはＥＵの共通農業政策（ＣＡＰ）で農村振興政策が強化されたのと同時期に活発化したようだ。２章でも説明したように、農村振興の事業は2007年から始まったが、イタリアでは多くの州で、石積みの修復を農村振興事業に組み込んだ。支援額は州によって異なるが、修復箇所1㎡当たり100ユーロ前後が農地の管理者に支払われる。

段畑の必要性が高まったのは、産地呼称制度などによりローカルなワインが高く売れるようになったという背景もある。効率だけではない評価軸が登場し、段畑に人の手が入るようになったのである。段畑に手を入れるさい、景観の規制が厳しく、石積みは石積みとして維持しなければならないこともあって、石積み技術の需要が高まることになった。それらを背景に、イタリア各地で若者が空石積みを仕事にしはじめている。コルテミリアで出会った若者は、技術をもつ年配者に教えを受けていた。教えている老人は「本当なら年金生活に入る歳なんだけどね」と言っていたので、途絶えかけた技術が、ぎりぎりのところでつながったのだろう。

これ以外に、組織的な事例もある。イタリア北部にあるトレンティーノは、南チロル地方と呼ばれるドイツ系の文化が入る特別自治州（正式名称はトレンティーノ＝アルト・アディジェ）で、そこで独自の取り組みが行なわれている。

トレンティーノでは、山岳地帯における生活や産業、登山などの文化についての知識を若い世代に継承する教育機関として、「トレンティーノの山岳アカデミー」という財団が2009年に州議会の主導で設立されている。2013年になって、そのなかに空石積みを教える学校、「トレンティーノ石積み学校（La Scuola Trentina della Pietra a Secco）」が設立された。2015年には州独自の資格制度も創設され、教育と職業化が目指されている。資格取得に向けた教育のほか、農業従事者や趣味で習いたい人に向けてのコースも開催されている。

この学校の背景にも、CAPにおける農村振興政策がある。2008年に州の都市計画法において、空石積みの擁壁や建物が景観的要素であることが明確に位置づけられたことをもって、石積みの修復が農村振興事業の対象となり、修復に需要が生まれたのだ。

ここで、トレンティーノの景観計画が興味深いので紹介しよう。一般的にイタリアでは、景観計画が定められている場所では、何か工事をするさいには、事前の書類申請、認可などが必要である。その手続きが煩雑であることがしばしば問題にされている。

トレンティーノでも通常、あらゆる建築・建設行為に許可か届出が必要なのだが、軽微な石積み修復に毎回届出をするのは農家の負担になる。そのため、手続きを簡素化することも法律に盛り込まれている。その決め方が興味深い。たとえば高さが2mを超えず、かつ「農場内の資材の移動で完結できる工事」であれば届出さえも必要なく自由に修復できるのである。

日本の景観計画では、1章でも説明したように「人本位」の評価に頼っており、それゆえに見た目が重要視される。景観計画の制限の対象になるのは、基本的に形状や色などの表層である。こうした規定のなかで、その地域ならではの石積みを保全しようと思えば、石の質なども細かく決めなくてはならない。通常はそこまで細かく決められないので、「石を使った」というだけの練石積みで修復されてしまうことが多い。石を使っていれば「見た目」が大きく変わっていないとみなされるからだ。

しかし、トレンティーノの景観計画は表層ではなく、物質に着目した制度である。物質が地域内で活用されることが重要であり、表層が変化するかしないかには関心が寄せられていない。景観計画の規定が「自然本位」でつくられていると言えよう。こうした規定であれば、そもそも大きな風景の変化も起こりにくいことに加え、その地域の石でつくられるという、もともとの石積みの成り立ちに則った修復ができる。「農場内の資材の移動で」というのは些末な規則に見えるが、「持続可能性」という理念を体現する重要な規則である。

　ここまで、構造物の基準や、景観計画の規定の背景にある価値観が、石積みの存続に大きな影響を与えていることをみてきた。前章まででみた農業だけでなく、農業基盤においても、社会のシステムがどの方向を向いているのかが農業基盤のあり方を規定しているのである。

注

＊1 Art of dry stone walling, knowledge and techniques https://ich.unesco.org/en/RL/art-of-dry-stone-walling-knowledge-and-techniques-01393（2023年3月31日閲覧）

＊2 アンドレア ボッコほか、『石造りのように柔軟な―北イタリア山村地帯の建築技術と生活の戦略』、鹿島出版会、2015

＊3 金子玲大、『非専門家による農地空石積み修復活動の再生産過程とマネジメント』、徳島大学博士論文、2022

＊4 高橋裕、『現代日本土木史』、彰国社、1990

＊5 土木工業会編、『日本鉄道請負業史明治篇』、鉄道建設業協会、1967

＊6 Junko Sanada, Shigeaki Terajima, The Social and Political Background of the Decreasing of Dry Stone Walling Constructions, "Paesaggi Terrazzati: Scelte per il Future", 2018

＊7 加藤和俊、『戦前日本の失業対策』、日本経済評論社、1998

＊8 加藤和俊、『戦前日本の失業対策』、日本経済評論社、1998

＊9 Association Artisans Bâtisseurs en Pierres Sèches http://www.pierreseche.fr/abps/（2023年4月6日閲覧）

＊10 鶴見一之、『土木施工法』、丸善、1925

第三部

これからの風景に向けて

第9章

「ローカル」をめぐる都市と農村の関係

現在、「ローカル」が注目を集めている。地域色を売りにした取り組みも多くみられる。これまで合理化、効率化のために画一化を進めてきた社会において、「ローカル」なものが注目されているという事実は、何を意味し、どんな背景があるのだろうか。

ローカルなものが価値をもつとき

2022年の8月、棚田を模したオープンスペースをもつホテルが開業した。その「棚田状のもの」を見下ろす高台には、分棟の客室がいくつも建ち、それぞれの部屋から眺められるようになっている。「棚田状のもの」が鑑賞の対象としてつくられているのは明らかで、棚田は人を呼ぶことのできる価値のあるものと考えられていると言える。

その「棚田状のもの」には、開業に合わせ苗が植えられていた。棚田に水が張った風景を美しいと思ったからであろう。しかし8月である（通常、田植えは、早くても3月ごろから始まり、遅くとも6月までには行なわれる）。

私がこれに違和感を覚えたとSNS上で吐露すると、それをきっかけに一部で大きな議論を呼んだ。「棚田状のもの」が本物の棚田とどう違うのか、古い地図を確認したらそこに昔も棚田があったからよいのではないか、棚田はもう維持できないんだから鑑賞用で何が悪い、地域の人が納得してればいいんじゃないの、など、さまざまであった。

けれど、私の違和感はそれらのどれとも違っていた。5章から8章で説明したように、1960年代から70年代の高度経済成長期、効率化を旗印に、地域の個性というような地域ごとの違いは、効率化を志向する社会のなかで意図的に、あるいは知らず知らずのうちに消滅の危機にさらされるようになった。

画一的なものをつくり流通させるシステムが構築され、それに応じて、地域の風景も変化した。平地の農村や比較的傾斜の緩い農村では、地域固有の地形を無視して直線的な圃場整備が行なわれ、中山間地域では少々の圃場整備が行なわれた後は、過疎化が進行した。そこで栽培されるものも、多品種少量から単一栽培へと変化していった。

それらはすべて都市の論理で進んできたことだ。7章で説明したように、その過程で出来上がった社会のシステムは現在も現役である。たとえばスーパーで規格化された季節感のない野菜を買うというように、当たり前すぎて意識されることもない。

私たちは現在、棚田や段畑のような地域性に富むローカルなものを（それが非効率であるために、結果的にではあれ）排除するシステムのなかで暮らし、その一方でローカルなものを「価値」として称賛している。

上記のホテルの例で、私が抱いた違和感は、そういった「ローカルなものの価値」の扱い方であった。

周辺の棚田でとれたお米を食事として提供することで、それらの棚田の維持に貢献しているならば、そのシンボルとして棚田を施設のデザインに取り入れることは納得できる。「棚田状のもの」の形が「本物の棚田」と違っているかどうかなんてことは取るに足らない話である。

しかしそうではなく、周辺の棚田にも、農作業のサイクルにも関心を寄せず、人びとを惹きつけるためだけの表面的な見栄えとして棚田という記号を利用しているのなら、それは棚田という価値の「搾取」と言えるのではないだろうか。注意しなければいけないのは、この事例が特殊だとか、悪意があるとかではなく、知らず知らずのうちにこのような構図をつくりだしている場面は、実はそこかしこにあるということだ。

地域らしさが失われ、発見され、価値をもつ

今、「搾取」という言葉を用いたが、その真意について説明したい。文化地理学を専門とする森は、「ある種の国策としての都市化は、国土空間のなかに中央と地方という区分を生み出す。この区分において地方は中央から発見され、まなざされる」と述べている。*1

その例として、「地方のなかで特定の歴史的雰囲気を感じさせると解釈された都市が発見」され「小京都」と呼ばれるようになったという。これは、工業化、大都市化が起こって日本中が画一的な風景に変化すると、変化への危機意識から、変化しないものに意識が向いたからであると説明されている。*2

そのほか、「合理的で機能的で大量生産される」プラスチック製品がほめそやされる一方で、伝統的な手仕事でつくられる民芸が価値を獲得し、その産地が伝統的な産業の場所として見出されるようになった

例もあげている。

効率化や合理化を志向する政策のなかで、その価値観からこぼれた場所は、政策の中心たる「都市」から「地方」として区分され、他者として意識されるようになる。「地方」という区分が生まれ注目されるのは、それがなくなりかけているからであり、そのため人びとの意識に上ってくると同時に価値あるものとされ、保全の対象となっている。

学生に「棚田が悪いイメージだったことはあるんですか？」と聞かれたことがある。この質問はなかなか興味深い。はい、いいえでは答えられない質問でもある。棚田への注目と棚田の保全は同時に始まっている。維持できなくなってきたことが一つの要因となり、1992年に高知県の梼原町(ゆすはらちょう)で棚田オーナー制が開始され、1995年には全国棚田サミットが始められた。[*3]

もちろん、斜面地に段々につくられた農地である棚田は、存在としては古くからあった。効率化のための農業基盤整備事業では、整備しても効率化が見込めない斜面地の農地は政策の対象にならなかった。これをもって悪いイメージだったということもできるかもしれない。しかし「効率化できる農地」のほうに意識が向いていただけであって、棚田にことさら悪いイメージがあったとは言いにくい。

政策から取り残された棚田は、「効率化」を追い求める社会のなかで次第に耕作放棄されるようになった。その結果、危機感を覚えるというかたちで、人びとは棚田に気づいたのである〔写真9-1〕。棚田という区分がずっとあり、それが良いとか悪いとか評価が変化したのではなく、棚田という区分が意識されるようになったと言える。

このような例は多い。たとえば郷土料理もそうだ。1980年代に各地の生活改善グループや農林業振興会が「ふるさとの味」「おふくろの味」を記録し出版した〔写真9-2〕。この背景には、第一次産業の従事

写真9−1 | 棚田の風景（大井谷の棚田、島根県吉賀町）

者が減り、高齢化もあいまって地域文化の継承が難しくなったという事実がある。[*4] 日常の食であった郷土料理が、ことさらに価値あるものとして「発見」され、記録として保全されるのは、同時であった。

伝統野菜も同様で、F1種や大量生産に向く品種が普及してくると、昔ながらの野菜が「伝統野菜」と名づけられ、価値をもつものとして「発見」されると同時に保全された。

私のやっている農地の空石積みも、かつてはただの「田んぼの土を留める壁」であった。身近な材料しか手に入らなかった時代には近くにある石を使ったし、コンクリートが手軽に手に入るようになれば、コンクリートに変わってきた。しかし、石積みがなくなってくると、「石積み」として「発見」されたのである。そしてそれは同時に保全の対象となった。

このように、かつて当たり前だったものが価値をもつのは、多くの場合、消滅の危機が訪れたときで、それ故に、発見されるのと価値をもつのは同時である。そう考えると、私たちがローカルなもの、地域らしいものを価値があるとみている今、その裏で起こっている均質化という波に意識を向ける必要があることがわかる。

先ほど「搾取」と言ったのは、消滅の危機にさらされたが故に価値が生じている状況に便乗して、その価値を、消滅の危機にある状況を放置したまま表層的に利用することに対してである。

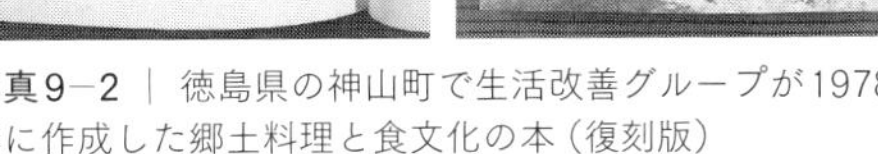
写真9−2｜徳島県の神山町で生活改善グループが1978年に作成した郷土料理と食文化の本（復刻版）

生き残り戦略として地域らしさを演出する

地域らしさは都市である中央の人びとから「発見」され、あるいは表層的に利用されてしまうだけではなく、地方の人びとが自ら「演出」し、売り出すこともある。先に引用した森も「ふるさと」を例に地方自らの演出について述べている。

1969年の第二次全国総合開発によって各地で環境と生活の破壊が起こったのち、1976年の文部科学省による「ふるさと運動」、1988年の「ふるさと創生基金」などにみられるように「中央たる都会」から「ふるさと」と呼ばれる場所が見出された。そして「その中央からの視線に呼応」し、地域らしさ、ふるさとらしさが演出されたという。

1980年代には、実際に全国各地で郷土芸能が新しくつくりだされ、それが行政によっても後押しされた（1992年の「地域伝統芸能等を活用した行事の実施による観光及び特定地域商工業の振興に関する法律」など）ことを紹介している。*5

私たちはこれをどう捉えればよいだろうか。地域の人たちが「がんばっている」から素晴らしいと言ってしまってよいのだろうか。

棚田のホテルの議論でも「地域の人が納得していればいいじゃない」という意見もあった。農村に限らず地域づくりの場面では、１９９０年代くらいから政策立案にあたって住民参加や合意形成が重視されるようになり、現在ではすっかり浸透している。実際、学生と話をしていても、地域の人びとの意見、思いを尊重することが重要であると考えている学生はとても多い。「地域の人びとがしていること」は「地域の人びとがしているから」という理由で良いと思われがちである。

しかし、すでに何度も述べているように、私たちは現在、ローカルなものを排除するシステムのなかで生きている。大規模化、画一化が生み出した過疎という現象は、一方で、地方創生戦略にみられるように「ローカル」への注目をつくりだした。何とか価値をつくりださなければ衰退してしまう過疎地域は、「中央たる都会」からの「ローカル」なものへの欲求に応えることで生き残ろうとしている。

地域の人びとが、ほかに選択肢がないなか生存戦略としてローカルなものをつくりだしているとすれば、それを「地域の意思」と捉えてしまってよいものだろうか。序章でも述べたように、地域の人びとは地域活性化の活動を「がんばらなくてはならない」状況に置かれている。そのような状況での活動は、地域の人びと自身にも、それが本当の意味での「地域の意思」かどうか、判断できるようなものではない。

したがって、地域の意思かどうかというところで判断するのではなく、地域に何をもたらすかをみるのが重要なのではないだろうか。たとえば4章で説明したテリトーリオ産品のような、地域の環境に根付いた特産品であれば、それが売れれば地域は良くなる。しかし、7章で紹介したイチゴのように、単に表層的に都市の人の求める価値で地域戦略を練るなら、結局は地域の人びとの負担は増える。しかも、他の

「ローカル」との競争にさらされる。その競争のルール（何を良いものとするか）は都会の流行によって決められる。戦えば戦うほど疲弊する競争である。

ローカルの演出や消費が、持続可能な地域に貢献するものでないならば、それは都市が農村を搾取する構図を強化することになってしまうのである。

「まちづくり」にみる都市と農村の関係

ここで、地域活性化やまちづくりと呼ばれる取り組みを少し振り返ってみたい。イベントなどで集客することが地域活性化だと思われた時期も長かった。一時的に人が集まったことを「賑わい」と呼び、それを成果と考えていたのである。3章でも説明したように、イベントが地域に根差した農産物に結びつくなど波及効果をもっていればよいが、打ち上げ花火的にイベントを打ち立てるだけならば、そこで生まれた賑わいはそのときだけである。地域の人たちがイベント疲れをしている様子は、全国各地でよくみられる。

イベント偏重の時代の後、2000年代中ごろからは、地域のPRが流行った。地域ごとにキャラクターをつくるのが流行したり、東国原氏が宮崎県知事になって宮崎のセールスマンを名乗ったりしていたのも2000年代後半である。そのころ同時に、商品のパッケージをおしゃれなものにつくり替えたり、物語をつけたりすることも各地で行なわれた。

2010年代半ばにはPRの成果を求める時代に入り、「稼ぐ」ことが重視されるようになった。経済アナリストのデービッド・アトキンソンの『新・観光立国論』が発売されたのも、木下斉の『稼ぐまちが地方を変える』が発売されたのも2015年である。それらの本はとてもよく売れ話題になり、多くの人びとが、「稼ぐ」ことを重視するようになった。そうした流れのなかで２０１６年に農泊のビジョンが稼ぐ方向にシフトしたのである（3章参照）。

地方創生戦略は２０１４年の年末に「まち・ひと・しごと創生総合戦略」として閣議決定されたところから始まる。地方創生大臣であった石破茂が２０１７年に著した『日本列島創生論』でも、がんばって稼ぐ地域にお金を出して応援するのだと強調されている。[*6] ＰＲの時代から稼ぐ時代の流れのなかで、地方が他との違いを強調し、地域を売り出すことが特に重視されるようになった。

２０２０年代になると環境問題がより重要な課題として取り上げられるようになり、資本主義を否定的に捉える「脱成長」が流行った。そのため、「稼ぐ」ことそのもののブームは下火になった。ただ、ブームが去っただけであって、地方創生の手法として、稼ぐことはすでに「当然のこと」と受け止められている。

このような、地域が個性を出すこと、稼ぐことという考え方の背景には、過疎の問題は過疎地域ががんばって解消するべきだという考え方がある。過疎を自己責任のように捉えているのだ。

ただ、ローカルなものが価値となる状況そのものが悪いと言いたいのではない。都市と農村があるかぎり、それは避けられない。重要なのは、この状況を、搾取の関係、つまり都市と農村を「選ぶ―選ばれる」という強者と弱者の関係にするのか、あるいはこれを持続可能な農村のための推進力にするのか、である。

後者を目指すならば、農村が「ローカル」として売り出すものが、地域に根差していることが重要である。そして、もう一つ重要なのは、消費者が地域に根差したものに価値を見出すことである。「稼ぐ」ことは、たしかに重要だ。しかし、現在の社会のシステムを前提にしていかに「稼ぐ」かを考えるのではなく、地域の環境に即し、地域の個性をつくる農産物で稼ぐこと、つまりそういうものがちゃんと売れる社会をつくっていく必要があるのである。

付加価値に頼る政策が前提とするもの

実際、持続可能な農村に貢献するような農産物はすでに出回っている。地理的表示のついたものに付加価値がつき、高く売れるという現状もある。そういう、自由な市場（経済的取引）を前提にして、付加価値をつけることで何とかしたらよいのではないかという意見もあるだろう。

しかし、私はそれでは不十分であると考えている。ここでは、市場経済に任せるのではなく、政策が必要と私が考えている理由について説明したい。

付加価値をつけ市場経済に任せる方法には二つの問題があると考えている。一つは、付加価値は希少性と表裏一体だということだ。ローカルなものが、消滅の危機から価値になるという話をしたが、地域に根差した農産物に付加価値がつくさいもそれは同様である。

付加価値として高いお金をとれるようになるには、その前提条件として、それが珍しいこと、つまり「そうではない」ものが広く存在していることが必要である。たしかに、現在の農業、流通のシステムを前提とすれば、地域に根差した農業をして付加価値を出すことは個々の農業者や地域の人びとにとって、戦略として選択肢になりうる。

しかし政策は全体を見るべきものである。そのため政策として見た場合には、「そうではないもの」が広く存在している状況は、目指すかたちとは言えない。

4章で紹介した農産物認証は、実際に高価格で取引され、付加価値ということができる。しかしEUでは、2章でも触れたように、農業政策の基調が環境保全を志向している。そのなかでの農産物認証である。地域に根差した農業の推進を、「付加価値」という市場経済に任せているわけではないのだ。

付加価値で地方を何とかしようとするさいのもう一つの問題は、「付加価値」をめぐる受益者とコストの負担者が一致していないことだ。たとえば、「美味しい」という農産物の価値は、購入した人に、他のものでは得られない味の経験を提供する。消費者はその経験のために余分にお金を出す。

しかし、地域に根差して生産された産品が生み出すのは、地域の環境や文化の保全である。それらは、地域に根差した産品に余分にお金を払った消費者だけが享受できるわけではない。「そうではない」ものを消費している人も、環境や文化の保全の恩恵を享受することができる。

そのため、こうした産品に「付加価値」がつくには、経済的に余裕のある消費者の良心や倫理観、そうした人たちの奉仕的な消費が欠かせない。もちろん、地域に根差した農産物が売れること自体はよいことである。しかし、一部の人びとの奉仕的な消費に支えられているのは非常に危うい立場にある「価値」である。こうした価値の付け方は不確実で持続性に欠けるため、政策とは呼びがたい。

このように、付加価値をつけて市場の原理で地域を活性化させる方法には課題がある。私が4章で「付加価値」という言葉を使わなかったのも、付加価値を強調することに懐疑的だからである。

多面的機能を「公共財」と位置づける

市場の原理では不十分ということであれば、政策の転換が必要となる。ここで、農業政策そのものを環境保全の方向に転換したEUの農業政策（CAP）をもう一度振り返ってみたい。CAPでは、環境農業政策に転換する過程で、価格支持政策を減らし、デカップリングを行ない、守るべき環境基準を定めたクロス・コンプライアンスを導入した。

それに加え、環境や景観に資する農業を誘導する補助金などの政策もある。このようにCAPでは、規制や誘導といった公的な介入が行なわれている。農業という私的経済活動に公的介入を行なうため、EUではその政策上の根拠として「公共財」の概念を適用しようとしている。

農村開発のための欧州ネットワーク（ENRD）が2009年に発表した資料「農業における公共財と公的介入」[*7]では、適切な農地管理が行なわれるなら、生物多様性、気候変動の抑制、土壌の機能、あるいは農村風景などの「農村環境や農村を楽しむ機会に対する良好な影響」があるといい、それを公共財と呼んでいる。

EUの農業政策でいう「公共財」は、日本の農業政策では、食料生産以外の機能として「多面的機能」と名づけられているものである。しかし、単に名前が違うというだけではない。「公共財」は、経済学で使用される言葉で、「非排除性、非競合性」をもつものとされている。

少しややこしいが説明しよう。排除性とは、対価を払わず財を利用する者を排除できる性質で、競合性とは、財を利用することでそれが減っていくような性質をいう。

良好な農村風景を使って説明すると、排除性をもつとは、良好な風景に貢献するような農作物を購入した人が、それによってもたらされた良好な農村風景を独占できる（他の人を排除できる）ことである。実際にはそうではないので、非排除性をもつということになる。

競合性をもつとは、風景を誰かが見るとその価値が消費され減る（消費にあたって競合が起こる）ことである。これも実際には風景を見るだけであれば風景は棄損されないので、非競合性をもつと言える。

同資料では、こうした公共財の性格上、自由な経済活動のなかではどうしても供給不足を引き起こすと説明されている。消費者の視点でみれば、それに貢献する農産物を買わなくてもその恩恵を受けることができるし、農業者の視点でみれば、多くの人に鑑賞されても減ることがないので、価格が上がることもなく農家の収入にはつながらない。そのため、良好な風景を創出するためにコスト（手間やお金、時間）をかけるという意識にはならず、結果として、供給不足になるということである（実際には、前節で述べたように、一部の消費者の奉仕的活動に支えられている状況もある）。

このように「公共財」という言葉は、社会的、政策的位置づけがされた言葉である。日本で使われる「多面的機能」という言葉が、農業によってもたらされる風景や文化、国土保全などの副次的機能を総称するものであり、その背後に特に意味をもたないのとは異なる。

また別の見方をすれば、多面的機能が農村や土地に対する言葉であるのに対し、公共財はその意味のなかに、生産者や消費者も利害関係者として組み込まれている言葉だと言えよう。農業をすることによるいろいろな価値が、都市と農村の関係のなかで捉えられているということではないだろうか。

棚田地域振興保全法にみる「営農」

ここからは、具体的な政策を見ながらローカルをめぐる都市と農村について考えてみよう。まずは、棚田からである。棚田地域を守る法律として新しいものに、２０１９年6月に公布された「棚田地域振興法」がある。議員立法で成立した法律である。

内閣府が出している「棚田地域振興に関する説明書」[*8]では、法制定の経緯について、まず棚田には多面的な機能があるものの全国各地で荒廃の危機に直面していることをあげている。その現状を受けて「農業のみに着目した棚田の維持には限界があることを踏まえ、棚田を核とした地域振興を通じ、みんなで棚田を将来に継承していくという考えのもと作られた」と説明されている。

実際、法の第三条では、棚田地域の振興は、棚田等の保全と棚田地域への定住、交流をはかることを目指さなければいけないとされ、そのための施策は、地域の農業者や住民の「自主的な努力」によって行なわれるべきであると書かれている。

つまり、棚田で経営的な営農が続けられないことは前提とされている。それを前提に、NPOなどで経営とは別の枠組みで棚田を守っていこうというものだ。

5章でも説明したように、効率化を志向する社会において、棚田は「相対的な条件不利地域」になった。そうして棚田が危機にさらされ、棚田が価値をもちはじめたわけだが、その状況が生まれた構造をそのままに、価値があるから守れと「自主的な努力」を求めている状態である。

もちろん、棚田地域振興法に基づく「指定棚田地域」になるかどうかは自由である。しかしそれは逆に言うと、指定棚田地域になることを選ばなかった地域は、「救われなくてよい」との選択をしたと判断されることでもある。

2章では、CAPのグリーニング政策を紹介した。30 haを超える農地をもつ農家は3作物以上をつくる必要がある。日本にくらべて平均農地面積が大きいEUでも比較的大規模の農家に限られる施策ではあるが、大規模農地での単一栽培を是正しようというものである。また15 ha以上の農地では5%は環境保全用地に充てなければならない。[*9]ドイツやイタリアでは環境保全用地として段畑や空石積みが入っており、段畑であれば自然にクリアできる条件となっている。

こうしたEUの施策は、「競争の〝土俵〟をつくり替えている」と言うことができるだろう。大規模農家が有利になりがちな効率化を唯一のルールにするのではなく、農業に付随して地域の環境を豊かにすることもルールなのだ。そうした土俵の上ならば、中山間地域も勝ち目がある。「農業だけでは棚田は維持できない」と諦めてしまうのではなく、その状態をつくりだしているシステムを変えようということだ。「棚田が維持できない」のは、動かすことのできない前提なのではなく、社会のシステムが生み出した現在の状況でしかない。

中山間地域等直接支払制度と多面的機能

棚田等を直接的に支援する制度としては、「中山間地域等直接支払制度」がある。「農業の有する多面的機能の発揮の促進に関する法律」で定められる農林水産省所管の農業政策である。この法律は何を目指しているのだろうか。

施策を広報するパンフレットには「地域で取り組んでおられる農業生産活動は、洪水や土砂崩れを防ぐ、美しい風景や生き物のすみかを守るといった広く国民全体に及ぶ効果をもたらすものです」と書かれている。[*10] この支払制度がそうした「多面的機能」を守るものだとされていると読み取ることができる。

もう少し具体的に、この制度をみてみよう。なぜなら多くの場合、補助制度は理念よりもその支払い方に本質が現われるからだ。支払い条件はまず、傾斜度などの条件から各地域に支払い単価が定められている。その単価の8割は生産活動をすることで受け取ることができる。残りの2割は、機械化、生産条件の改良などの生産性の向上、女性・若者等の参画など、営農の持続のための体制整備などを行なうと受け取ることができる。

理念には、美しい風景や生き物のすみかを守るなどの文言はあるが、それに対応する支払い条件はない。直接支払を受けられる条件は、生業の維持と農業を持続するための仕組みづくりである。生物多様性を向上させる土水路を維持管理軽減のためにコンクリートのU字溝にすることや、空石積みの棚田をコンクリート擁壁に変えることも全く問題とはされず、支払い額の軽減にもならない。

なお、多面的機能の促進法において「多面的機能支払い交付金」も定められているが、これはのり面、農道、水路などの「共同活動」に対して支払われることとなっており、それがどういったのり面か、水路かということは問われない。いずれも生業の支援のみが行なわれている。営農さえすれば、多面的機能が発揮されると考えられているのである。

2章では、CAPにおいて直接支払いを受けるために条件があること（クロス・コンプライアンス）について説明した。そのうち、適正農業環境条件（GAECs）では、水辺の保全や段畑等の景観的特徴の保持など、環境の保全に資する支払い条件が決められていた。

それとくらべると、日本の中山間地域等直接支払制度は、多面的機能と農業活動が結びつけられていない。実際には、土水路がU字溝になれば、水路からカエルなどの生物が上がって来にくくなるし、緩い傾斜の土水路の岸は高さによって冠水頻度が異なるため、それに応じた多様な植物が生える。多面的機能は農業活動のあり方で大きく左右されるのだ。農業が維持されれば無条件に多面的機能が維持されるというわけではない。

中山間地域等直接支払制度は、その理念では土地の機能が謳われているが、傾斜度による単価などをみれば、実際には条件不利地域対策だといえるだろう。支払いに土地管理の条件がないので、農業者は、棚田の風景を守る方向ではなく、効率化をはかるほうが得である。支払い条件にない石積みや土水路による生物多様性の確保など、棚田の「良好な風景」を守るのは、農業者の意思に任されている。支払い方が、制度の理念を実現するものになっていないのだ。

しかし、単に棚田の管理を強化すればよいかというとそうではない。棚田の風景に価値があるからといって、棚田だけを対象に管理を強化すれば、それが負担になり、耕作放棄地が増えるだけである。EUにおいても、効率化を目指す農業政策のなかで、部分的な土地管理の政策を入れた段階では、農地の二極化が進んだ（2章参照）。

結局、棚田を残すには、棚田を存続の危機に追いやっている農業政策そのものに目を向ける必要がある。現状では、棚田を存続の危機に追いやっておきながら、棚田に価値があると示したきり、保全は自主性に任せている状況だ。そうではなく、農業活動のなかで棚田が自然に存続できるような農業政策の枠組みが必要なのである。

六次産業化と良好な農村風景

六次産業化とは第一次産業、第二次産業、第三次産業を掛け合わせて、あるいは足して六次としているもので、生産地（第一次産業）において加工（第二次産業）や販売（第三次産業）まで手掛けることをいう。2010年にこれを促進する法律である「地域資源を活用した農林漁業者等による新事業の創出等及び地域の農林水産物の利用促進に関する法律（通称、六次産業化・地産地消法）」が公布され、法制化された。この政策が目指しているものを考察してみよう。

農林水産省が作成しているパンフレットには、「様々な『地域資源』を活用して、儲かる農林水産業を実現し、農山漁村の雇用確保と所得向上を目指します」とある。[*11] 新商品開発のための人件費、資材購入費、商談会等への出展費・旅費の支援、ブランド化や販路拡大のための専門家の派遣をしてもらうことができ、六次産業化・地産地消法または農商工等連携促進法の認定を受ければ新商品の開発や加工・販売施設等の整備について補助率10分の3、中山間地では2分の1以内の補助も受けられる。

補助内容からは、「稼ぐ」ことを前面に出している様子が見受けられる。材料となる農産物の農法や加工方法には、何の制限もない。たしかに使用する農産物は地域で栽培されたものなのだとは思うが、地域に根差したものかどうかは問われない。これでは、商品開発が上手くいき、六次化産品が売れたとしても、地域が疲弊してしまう可能性がある。

地域の環境との結びつきや、地域の環境や社会への貢献を価値にするのではなく、単に「売れるもの」を目指すことは、地域間競争どころか大企業が大量の人材や資金を投入してつくった商品と戦うことを意味する。

2章では、CAPの農村振興計画の条件に、地域の環境や社会に貢献する項目が入っていることを説明した。例に出したトウモロコシの製粉工場でも、農薬が少なくて済むよう伝統種を用いることや、申請を行なう事業主体に地域の小売業者が入っており、地域の飲食店での消費が約束されていた。これとくらべると、六次産業化事業が「稼ぐ」ことに注力している制度であることがよくわかるだろう。

もちろん、消費者に地域の環境に即してつくられたものを消費する姿勢があれば、「売れれば農村環境が良くなる」となる。しかし現在の日本では、消費者の選択は必ずしも「地域のため」とはなっていない。

「美味しい」「安い」などが価値になりやすい状況、あるいは「ローカル」が表層的に消費されてしまいがちな状況である。そのなかで、地域の産品を大企業のつくるような商品と競争させようとしているのが、日本の六次産業化事業なのである。

国の政策で行なうならば、持続可能な農村を誘導するような補助制度の枠組みをつくり、そうしてつくられた農産物や加工品に価値があると理解してもらえるよう、国が消費者側に働きかける必要がある。

まずは原料となる農産物についての規定が考えられる。たとえば伝統種を利用する、無農薬、通常の2分の1以下の農薬使用の特別栽培、地域内で肥料を調達している、ハウスで加温していない（CO_2排出抑制している）などである。

加工方法として、天日干しや伝統的な木桶の使用なども推奨されてよい。ただ、新しい加工方法が否定されるのは好ましくないため、こうでなければいけないという規定ではなく、補助の割合などで文化を継承できる仕組みがあるとよいだろう。

そうすることによって、つくればつくるほど、売れれば売れるほど地域が良くなっていく。それと並行して行なうのは、六次化産品を手に取りやすくする消費の変革である。認証制度で地域や文化を守っていることを示し、その価値を広めること。あるいは六次化産品を手に入れやすくするため、軽減税率を活用するなど。意識は変わらなくとも行動を先に変えることで、意識がついてくることもある。

いずれにしても、「中央たる都会」と地方の関係性が鍵である。現在の社会のシステムを前提とした市場に六次化産品を放り込めば、表層的なローカルを競うことになる可能性が高い。そのため国は、農産物をとおして都会と地方が良好な関係を結べるよう、仕組みを用意する必要がある。

注

＊1　森正人、『文化地理学講義』、新曜社、２０２１

＊2　森正人、『改訂版昭和旅行誌』、２０２０

＊3　中島峰弘、『棚田保全の歩み』、古今書院、２０１５

＊4　湯浅規子、『「おふくろの味」幻想』、光文社、２０２３

＊5　森正人、『文化地理学講義』、新曜社、２０２１

＊6　石破茂、『日本列島創生論』、新潮社、２０１７

＊7　European Network for Rural Development, “Public goods and public intervention in agriculture”, 2009

＊8　棚田地域振興に関する説明書　https://www.chisou.go.jp/tiiki/tanada/pdf/tanadachiikisinshinkouhou_pamphlet.pdf（２０２３年６月５日閲覧）

＊9　“Farms and Farmland in the European Union, statistics”, Eurostat, 2022によると、２０２０年の調査では、EUの農場の約３分の２が５ha未満の農地で経営しており、50ha以上の規模をもつ農場は７・５％であるが、面積にして68・２％を占める。農場当たりの平均農地面積は17・４haで、この規模以上の農場は18％である。したがって、この規制を受ける大規模農家の数は少ないものの、面積としては大きいと言える。

＊10　令和５年度版中山間地域等直接支払制度　https://www.maff.go.jp/j/nousin/tyusan/siharai_seido/attach/pdf/index-86.pdf（２０２３年６月５日閲覧）

＊11　６次産業化　https://www.maff.go.jp/j/pr/annual/pdf/120618_shoku_rokuji.pdf　（２０２３年６月５日閲覧）

第10章

社会のシステムを変えるための小さな行動

「風景をつくるごはん」をめぐる旅も終わろうとしている。良好な農村風景のために、都市と農村の関係を結び直すにはどうしたらよいだろうか。最後の章では、社会のシステムを変えるための小さな変革をいくつか提案したい。

都市と農村を取り巻く関係

これまでみてきたように、都市と農村はつながっている。そして、都市と農村の関係に、経済、環境、政策などのいろいろな要素が影響を与えている。今後、どうしていけばよいのかを考えるにあたって、これらの構造をもう一度おさらいしておこう。

都市と農村をとりまく関係を表わしてみたのが、図10—1である。

都市と農村は、農産物、すなわち食をとおしてつながっている。関係人口のような社会的なつながり以

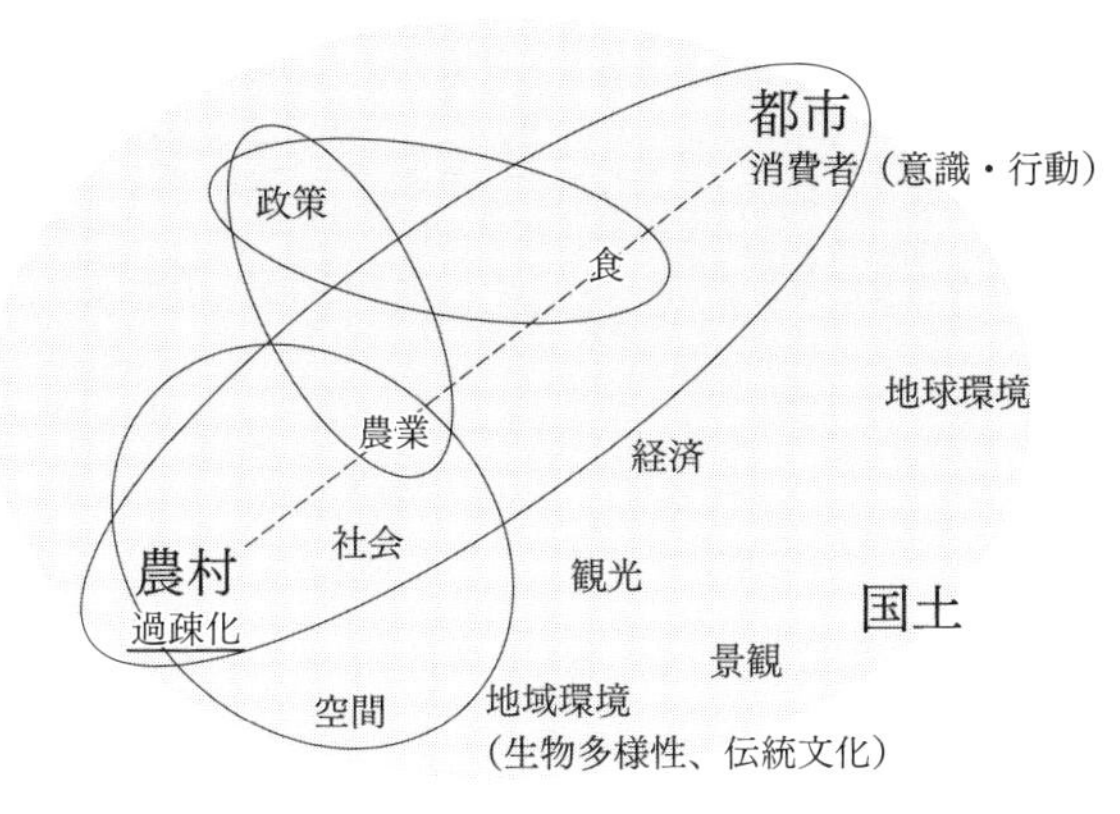

図10−1｜都市と農村をとりまくさまざまな要素

前に、食というすべての人にとって必要不可欠なものでつながっている。そして農産物は農家にとっては農業という生業の成果であり、都市の人には流通機構をとおして届けられる。都市と農村は、それぞれ、食をめぐる経済循環のなかに位置づけられているのだ。

つぎに、食、つまり農産物をつくっている農村空間に目を向けてみよう。農業は土地を利用する行為なので、地域の環境と直結している。6章でもみてきたように、農薬や化学肥料の有無、水利用などの栽培方法、どんな品種を栽培するか、どのように農地をつくるかなど、さまざまなレベルの農業活動が、地域の環境を形成する要因となる。農業活動のあり方が、農地や里山の生物多様性、農業に結びつく伝統文化に影響を与えるのだ。そして、その農業活動を方向づけるのは、7章でみてきたように、経済循環でつながっている消費者、流通業者のほか、それらをコントロールする農業政策である。

また、農業のあり方は風景となって立ち現われる。その風景が良いものであれば、観光や起業、移住者を呼び込むための資源になる。地域の経済が多様化すれば、農村はより暮らしやすく豊かになるだろう。風景は農業の結果として生じるものであるが、一方で、地域の個性ある風景は、他の経済活動の資源にもなるのだ。

ここで強調しておきたいのは、人びとを惹きつける「良い風景」が指すものは、社会の価値観によって変化しうるということである。これは1章で説明したとおりである。今フォトジェニックで素晴らしいと評価されている風景が、これからもずっと「良い風景」とは限らない。何を良い風景と思うかは、今後の環境意識の変化に連動して変化するだろう。

消費者、流通業者、農業政策は、農業をとおして農村に影響を与える。影響を受けるのは、国内のあらゆる農村である。そのため、農業のあり方は国土全体の環境に影響を与えるとも言える。また、農業活動や農業資材にまつわる化石燃料の消費やCO_2は地球環境にも影響する。こうして農業は、地域、国土、地球というさまざまなレベルの環境に影響を与えるのである。

消費者、流通業者、農業政策、あるいは農村政策はそれぞれ、農業に影響を与えるという「変化の起点」の役割をもつだけでなく、互いに影響を与え合うこともある。流通のあり方が消費者を変えたことは7章でも説明したとおりである。

このように、都市と農村は、食をとおしてつながっており、そこに影響を与え、影響を受ける要素が絡み合っていることがわかるだろう。過疎や地域の個性喪失というローカルな課題と、気候変動の抑制といったグローバルな課題も、そうした関係のなかに同時に位置づけられていることもみえてくる。

そして、それらの要素のあり方はほぼすべて変化させうる。地域の環境や国土、地球環境の持続可能なあり方は固定したものとして捉えるべきだが、その他の政策や流通、何が売れるのか、どんな風景を美しいと思うのかは、変化させうるものである。農村の課題の解決は、こうしないと売れない、こうじゃないとやっていけない、という現状にとらわれることなく、都市と農村を取り巻く構造そのものが変化しうることを前提に考えるのがよいのではないだろうか。

環境に即した農業とは

これからできることを考えていくにあたって、最初に、核となる「環境に即した農業」について考えてみたい。

環境に即した農業のベースになるのは、土地の条件に合わせた作物をつくることである。それぞれの地域は、地形によって洪水の影響が異なり、砂だったり粘土質だったりする。海に近い場所では潮風によって常にミネラルが供給される土地になる。

たとえば、徳島県の吉野川の下流域沿川には、洪水が運んできた砂が堆積した地域が広がっている。吉野川は、利根川、筑後川と並び、日本の三大暴れ川にあげられ、その洪水がつくった土地である。それらの砂地が広がる地域では、美味しい大根やニンジンがつくられている。同じく吉野川の河口部では、砂地を利用して鳴門金時などのサツマイモを栽培している。

地形でいえば、瀬戸内海や四国、九州の海辺で柑橘が多くつくられているのも、斜面地で日当たりが良いからである。なかでも、愛媛県の西の端、明浜町(あけはまちょう)には、湾の奥に漁村があり、それを取り囲む斜面に柑橘の段畑が広がっている［写真10―1］。

この地が柑橘に適していることは「三つの太陽がある」と言い表わされている。一つ目は太陽からの直接の光、二つ目は海からの反射、三つ目は段畑をつくっている石からの反射である。四国西予ジオパークにもなっている黒瀬川地帯に位置しており、白い石灰石で石積みがつくられているのである。

写真10-1｜愛媛県明浜町の風景

そのほか、標高からくる寒暖差や、山との関係からくる雨量も、農業の基盤となる。たとえば徳島県那賀町の木頭ゆずの産地。西日本で二番目に標高の高い剣山の南側に位置している。この一帯は、南からくる雲が剣山を含む四国山脈にぶつかるため雨量が多い地域なのである。高い標高や雨の多さが、品質の良い木頭ゆずを生産する基盤だ。雨量でいうと、四国山脈で雨が遮られる香川県は、水の確保に苦労した地域である。しかしそのために小麦やサトウキビが栽培され、うどんや和三盆がつくられるようになった。

それ以外に、季節性も重要な要素である。徳島県は江戸時代に阿波藍と呼ばれる藍の生産が盛んであった。それは、台風と関係している。洪水が起こりやすいのは台風の季節で、コメを栽培すれば、収穫直前に洪水の被害にあう確率が高い。しかし藍は6月くらいから収穫できるので、洪水にあいにくいのだ。

このように、それぞれの土地には適した作物がある。こうした大きな目で見た「適地」以外にも、斜面の角度や向き、川の近くかどうかなどの、微地形、微気候の違いによっても適地は変わるだろう。イタリア北部の段畑のある地域では、1枚の畑のなかでも、石積みに近いところは輻射熱で暖かいため、ブドウを植えるのだと聞いた。

このように、巨視的な土地条件、微視的な土地条件を把握して農業を行なおうとすると、その土地でつくられ続けてきた伝統種、固定種があがってくることも多いだろう。もちろん、その地域でつくられていなかったものでも、土地条件に合うものは積極的に取り入れてもよいように思う。重視するべきは、その土地に合うものをつくることで、それによって病害虫の被害を受けにくく、農薬が少なくて済むことだ。

これ以外に、農地のつくり方もある。地域の石でつくられた空石積みを保全するとか、水辺に緩衝地帯をとる、などである。こうしたことを農業政策に入れ込んでいるのが2章で説明したＥＵの共通農業政策である。

実際には、こうした環境に即した農業を１００％の純度で行なうことは難しいだろう。経営していくための適切な規模もあるし、食料自給率の問題も考えなければならない。しかし、どの程度まで環境に配慮し、どのくらいは経済的合理性を考えるのかという「最適なバランス」は、固定的なものではない。農業政策における規制や補助、あるいは消費者の消費行動、社会の価値観によって変動しうるものである。

今現在「到底無理」だと思われるようなことでも、もしかしたら10年後には、「それくらいはやって当たり前」になることだってありうる。1章で述べたように、農村の「良好な風景」は、環境、社会、経済が幸せに統合している状態である。先に示したような環境に即した農業が、地域の人びとの奉仕的な活動のみに支えられるのではなく、経済的にも成立している状況が、「良好な風景」をつくるのだ。今は無理そうに思えても、社会のシステムが変われば、それが当たり前になることだってある。それを目指して、農業政策のみならず、人びとの価値観や暮らし方を変えていくことが重要なのではないだろうか。

社会のシステムを変えるための小さな変革

本節以降は、良好な風景のために、社会のシステムを変えていくための提案をしてみたい。前節でも述べたように、どのあたりが現実的に環境に配慮できる農業なのかは、社会のシステムがどの方向を向いているかによるところが大きい。いきなり農業政策をきびしくしても、離農する人が増え、耕作放棄地が増えて地域が荒れたり、食料自給率の問題も出てきたり、また別の問題を生んでしまうだろう。

まずは、環境に即した農業でつくったものが売れる社会をつくること、あるいは、購買行動にまでは結びつかなくとも、そうしたものに価値があると多くの人びとが認識する社会をつくることが、最初のステップとして重要なのではないだろうか。そもそも、民主主義の国では、政策が変わるためには民意が変わる必要があるのもまた事実だ。

これから提案するものは、とるに足らないとか、その効果が明確ではないと思われるものもあると思う。たしかに、やってみないと効果はわからない。ここで、価値観が変わった例としてたばこをめぐる規制や取り組みについて考えてみたい。かつて、たばこを吸うのはかっこいいというイメージがあった。しかし今では、健康に悪い、副流煙で人に迷惑をかけている、というイメージになっている。

今でも吸っている人はいるが、そういう人でも「やめたいけどやめられない」という人がほとんどだろう。なかには「たばこが悪いとは思っていない」という人もいるかもしれないが、そういう人でも「世間一般はそう思っていない」との認識はあるはずだ。さすがに、世の中の風潮がたばこに肯定的だと考えている人はもういないのではないか。

すべての人の行動や価値観が変化したわけではないが、たばこをめぐる「社会の価値観」は完全に変化しているのである。その過程では、たとえば駅構内や列車での禁煙化の拡大など具体的な規制、増税など吸わないことへのインセンティブがつけられた。そのほか、人びとの意識づけとしてパッケージへの注意書き、テレビやラジオ、雑誌等でのCMの規制などが行なわれた。特に意識づけに関する取り組みはそれぞれは効果が見えにくいものであるが、それらの積み重ねで、たばこのイメージは変わったのである。

こうした前例に勇気をもらい、社会のシステムを変えるための小さな一歩として、人びとの価値観に働きかけることを中心に、いくつか提案してみたいと思う。

農業活動とその環境的機能を結びつける

現在、日本国内でも環境に資する農業を行なっている人は増えてきている。しかし、消費者のなかにはまだ、そうしてつくられたものを食べることを「個人の健康のため」と受け止めている人も多いようだ。そうなると、それを消費するのもしないのも個人の自由となってしまう。まずは、いろいろな試みがどのような環境的意義をもつのかを見えるようにすること。それが、消費のベクトルを「個人の効用」から「環境のため、社会のため」に変える一歩になるのではないだろうか。

9章で紹介したEUの公共財についての資料には、補助対象になっている農業活動とそれによってもたらされる公共財の一覧表が掲載されている［表10―1］。左の列には、有機農業、伝統種の家畜の飼育、伝統的な作物の栽培、伝統的果樹園の維持、水路沿いへの緩衝地帯の設置、湿地の創設などの農業活動が書かれ、行の先頭には生物多様性、水資源の管理、土壌の機能、気候変動の抑制、農業景観の保全、農村の活力などの公共財が書かれている。

こうして目標とすべき機能と農業活動の関係を見えやすくすると、環境に配慮した農産物を消費することが、個人的な行為なのではなく、社会的な行為であると意識しやすくなる。そのほかの効果として、それぞれの農業活動が、何のためにあるのか、何に気をつければよいのかも理解しやすくなる。

ここで、日本の有機農業についてみてみよう。2021年に発表された「みどりの食料システム戦略」では、2020年の時点で0・5%の有機農業の面積割合を2050年までに25%にするという目標が掲げられている。

表10－1｜EUの資料における農業と公共財の関係＊[1]

よく使用される環境基準	農地の生物多様性	水の質と使用可能性	土壌の機能	気候変動の抑制：炭素固定	気候変動の抑制：温室効果ガス排出抑制	大気の質	洪水と火事への耐性	農村風景	農村の活力	食の安全性
有機農業の維持	★	★	★	★				★	★	
有機農業の導入	★	★	★	★				★	★	
ローカル種／希少種の家畜の飼育	★							★	★	★
粗放的放牧の維持または導入	★	★	★	★			★	★		★
自然的特徴の維持・管理	★	★	★	★			★	★	★	
伝統的／絶滅危惧種の作物の栽培	★		★					★	★	★
粗放的な耕作管理の維持または導入	★	★	★	★				★		
農場の縁に緩衝帯を設ける	★	★	★	★				★		
湿地／河川の草原の管理	★	★	★	★			★	★		
伝統的な果樹園の維持・管理	★		★	★				★	★	★
特徴ある工作物の維持管理	★		★					★	★	
水路沿いへの緩衝帯の設置	★	★	★	★	★		★	★		
肥料管理計画の策定	★	★	★		★	★				★
耕地を草地に転換	★	★	★	★	★		★	★		
水路を生態学的に良い状態に保護・維持	★	★	★				★	★		★
土壌管理計画の策定	★	★	★	★	★					★
湿地の造成	★	★		★			★	★		
農場全体の環境管理計画の策定	★	★	★	★	★			★	★	★
耕地内に農薬散布禁止区域を設定	★	★	★			★				

こうした急速な目標を掲げていることで、有機農業が肥料と農薬の話に矮小化されてしまうのではないかという声もある[*2]。みどりの食料システム戦略では、有機農業をCO_2排出抑制の手段と捉えているようだ。こうして目的を単一化すれば、普及は早いかもしれないが、現在の大規模農業の肥料や農薬が有機のものに置き換わるだけになってしまう可能性もある。そうなれば、農村の風景や文化は置き去りで、過疎の解消にもつながらないだろう。有機農業がもつ価値が何なのかが見えるようにすることが、まず大事なのではないだろうか。

そのほか、伝統的野菜はどうだろうか。日本では伝統野菜は、ほかにはない、ここだけのものという希少価値が前面に押し出されている印象である。それも売るためには重要である。しかし、それがその地で栽培されてきた背景には、その地の環境に合っていた、だから病害虫に強く農薬や肥料を抑えられる、などの理由もあるはずである。そういう地域の環境との関係も同時に発信することで、人びとが野菜を評価するときの価値観が少しずつ変わっていくのではないだろうか。

農産物の価値を正しく伝える

農産物と土地が結びついていることを説明するものに、4章で説明したような認証制度がある。そのほか、生産地の環境や社会に配慮したものであることを認証する制度もたくさん用意されている。しかし4章でも述べたように、マークがついているということだけが一人歩きしては、意味が半減してしまう。ここでは、マークの伝え方について考えてみよう。

緑色のカエルのマークを見たことがあるだろうか。レインフォレスト・アライアンス認証である。生産過程での森林、気候、農村の人びとの権利、社会などに配慮してつくられたものに与えられる認証だ。ローソンのマチカフェでは、この認証をとったコーヒー豆を使っている。

マチカフェが始まった当初から使用されており、それ自体は先進的で素晴らしい取り組みだ。しかし当初、HPには「ちゃんとつくったコーヒーは美味しい」というキャッチコピーがつけられていた。「美味しい」という表現は、消費者自身のための価値である。一方でレインフォレスト・アライアンス認証は、生産地の環境や社会への貢献である。価値の向いている方向が逆だ。もちろん、「美味しい」に多様な意味を込めたと考えることもできるが、認証制度のもつ本質的な意味は、それでは伝わらないのではないだろうか。

おそらく、広告代理店も入って、マーケティング戦略が練られたうえでのキャッチコピーだったと思う。そのうえでのこの表現は、つまり、環境や生産地の社会に配慮してつくっていることを伝えても消費者に響かない、と判断されたということだ。[*3]

ほかにも、京都駅の喫茶店でもレインフォレスト・アライアンス認証のコーヒー豆を使っていたが、このメニューには「世界中から〝希少な豆〟をお届けします」と書いてあった。たしかに希少なのかもしれない。しかし、環境や生産地に配慮したコーヒーが「希少」なのが問題なのである。

一方で、イケアのレストランでは、「人と環境に配慮して生産されたコーヒー」と大きく書かれていた。もともとが環境意識の高い北欧の会社だから消費者にそれが価値として伝わると考えているか、あるいは企業の社会的責任として訴えているのか、どちらかだろう。

地域との結びつきの認証、環境や社会に対する配慮の認証、いずれにしても、その活用の仕方次第で伝わるものは違ってくる。売るためにマークを利用するのか、価値が理解されて売れるようにするのか。短期的には、良いものが売れればその動機は何でもよいのだが、一時の流行で終わらせないようにするには、価値を理解してくれる消費者を増やすよう、少しずつでも伝えていくのがよいように思う。

一方で、価値の発信は認証を使わなくともできる。先に述べたような認証制度は、第三者が認証する制度で、一般的に書類の作成など手続きが大変なのだ。熊本県の南阿蘇村の例を紹介しよう。南阿蘇村では現在、「南阿蘇の風景をつくるごはん」という取り組みを始めている。阿蘇カルデラの南に位置し、風景が素晴らしいところである。化学合成肥料や化学合成農薬を減らす、あるいは使わないようにする環境保全型の農業を推進している。

しかしながら、ほかの農村と同様に、過疎化の波が押し寄せており、今後の農業の持続性には課題がある。南阿蘇村役場の山戸陸也氏は、風景を目当てに訪れる観光客に、南阿蘇でとれたものを食べてもらいたいと考え、地元の飲食店で地場の農産物を利用してもらうことにした。しかし、「地産地消」という言葉では、どうも考えていることが伝わらないと思ったそうで、いろいろ検索して、私の提唱している「風景をつくるごはん」という言葉にたどり着いたそうだ。

南阿蘇の観光資源である風景は、ほとんど人びとの生業によりつくられている。それが伝わるよう「あなたが選んだごはんでこの風景は出来ている」というキャッチコピーがつけられた。ゆくゆくは、たとえば、茶碗1杯のごはんでどれだけの田んぼが守られたのかをカードにするなど、ごはんと風景の関係が見えるような工夫をしていければよいのではないだろうか。*4

消費者に好まれるものをつくるという発想から転換し、消費者と価値観を共有し、ともに良い農村風景をつくっていく機運が生まれるとよいと思う。

まとめて伝えるための仕組み

認証以外で価値を伝えるために、まとめて伝えるという方法がある。農産物や活動が、環境や農村の社会に資する価値をもっていたとしても、たいていの場合、それ以外の価値ももっている。自分の農産物やサービスの価値を発信するさいに、環境や農村社会に資する価値だけを強調するのは現実的ではない。

たとえば、3章で紹介した能登丼も、それぞれは地域でとれた農産物、海産物を使用して、各店が工夫を凝らした丼である。そのため、各店でそれをバラバラに宣伝しようとすれば、美味しいなど、各店の工夫に応じた価値も発信することになる。「地域でとれた」という価値はその他の価値に埋もれてしまう。もともと「地域でとれた」ことを重視している人たちには伝わるが、「地域でとれたことが価値である」ということを新たな層に訴える力は弱まる。

しかし、「能登丼」として、まとめて発信すれば、「地域で採れた」ということを消費者に強調して伝えることができるのである。括って発信する価値は、地場産であるというだけでなく、環境や農村社会に配慮しているなど、農村の持続可能性に資するいろいろな価値に置き換えることができるだろう。

一つの例として、Ecobnbというサービスがある。[*5] 宿の検索サイトで、EUのサスティナブルツーリズムの補助金を受けて、イタリアの若者が2014年に立ち上げたサイトである。普通の宿泊予約サイトのように、日付や場所、人数を入れて検索できる。しかし、そこに登録されている宿はすべて、何らかの環境に資する活動をしている。

Webサイトのトップページには、図10―2のような表示がある。100%再生可能エネルギー、有機

図10―2 ｜ Ecobnbの評価項目

食材か地域の食材を利用、水資源の節約、エコロジーに配慮した洗剤の利用、80%以上のゴミのリサイクル、雨水の利用、省エネの照明、太陽熱温水器の利用、自動車でなくともアクセスできること、環境配慮型の建物。

このサイトに登録できるのは、これらの10の要件のうち、いくつかが当てはまっている必要があるのだ。検索して出てきた宿には、葉っぱが最大で5枚表示され、その数によってどれくらいの要件を満たしているかわかるようになっている。

このようなサイトが存在し、また、いろいろな雑誌や新聞に取り上げられることにより、環境に配慮した旅行をしたい人が検索しやすくなる。さらに、「旅先で泊まる宿を選ぶときにこのような選び方があるのか」と、より広い層に気づいてもらえる機会となる。このサイト自体が、サスティナブルな農村に資する観光という考え方を発信するメディアとなっているのだ。

都市と農村の関係を結び直す仕組みづくりの支援

まとめて発信するための仕組みづくりは、何が農村にとって良いのかを社会全体に広め、都市と地方農村の関係を結び直す手段として、注目に値する。すでに述べてきたように、農村の過疎化、疲弊は、社会のシステムにその主な要因があると考えられる。個別の農村の努力が足りなかったからではない。つまり、持続可能な農村をつくるには、社会のシステムを変化させることが重要である。

まとめて価値を発信する仕組みは、消費者や観光客の行動、価値観の変革に向けて重要な役割を果たすのである。ただここで重要なのは、Ecobnbは、ヨーロッパや世界という広域を対象としたプラットフォームだというところである。

Ecobnbの創始者であるシモーネ・リッカルディは、2013年5月にViaggiVerdi.itというEcobnbと同様の機能をもつ検索システムをイタリア国内限定で立ち上げた。その後すぐにEUの出資を受け、2014年にオーストリア、スイス、ドイツ、スロベニア、セルビアとネットワークをつくり、Ecobnbとしてサービスを拡大した。個別の地域での活動、取り組みなのではなく、人びとに広く訴えかけることのできる仕組みである。

翻って日本の地域活性化や観光に関する補助金をみてみると、地域を単位としていることが多い。たとえば、地方創生推進交付金もそうである。都道府県あるいは市町村の「まち・ひと・しごと創生総合戦略に位置づけられた自主的・主体的で先導的な事業の実施」に充てられることになっている。つまり特定の「場所」を基盤とし、それぞれの地域ごとに事業を実施することを前提としているのだ。このような状況だと、対象を広く取り、まとめて発信する仕組みづくりは、補助金を受けるのが非常に難しい。

ここで、私が石積み学校をつくるときに直面した問題の話をしよう。私は2007年に石積みに出会い、2009年に初めて石積みを行なった。全国から景観を学ぶ学生を集めて、石積みの師匠がいる徳島県の吉野川市美郷（旧美郷村）で合宿を実施した。その後、年に1～2回、学生や知り合いを集めて美郷で石積みしていた。そうした活動をするうち、全国各地で技術が途絶えかけていて困っていることを知るようになり、2013年に一般の人向けの石積み講座を開くことにした。これが「石積み学校」である。

　そのさい、それまで活動をしていた美郷で開催する石積み講座とはかたちを変え、全国各地の習いたい人、直してほしい人、教えられる人を結びつける「仕組み」に転換することにした。運営を継続的に行なうために、運営そのものを一つの仕事にする必要があると考えたためである。また、全国各地に困っている地域があるため、対象を広げる必要もあった。

　石積み学校を本格的に運用しようとすれば、大学教員の仕事の片手間ではできない。なにより、本業があるかぎり「一つの仕事にする」ことは永遠に不可能である。そこで、スタートアップの補助金をもらい、専任で働ける人を置き、事業を増やして自立を目指そうと考えた。しかし、いろいろな補助金を探したものの、どれも場所を限定しなければ使えないものだった。仕組みをつくって農村の課題を解決しようとする取り組みに合うものは見つからなかったのだ。

　結局、棚田のある徳島県の上勝町が、2016年に地域おこし協力隊として1人採用してくれ、町内の景観保全に資するなら町外の活動もしてよいという寛大な措置をしてくれたおかげで、専任で動ける人を確保し、軌道に乗せることができた。

　このときの経験から、地域に貢献することを謳った補助金の多くは、基本的にそれぞれの土地の事業を応援するものになっていることに気づいた。都市と農村の関係を結び直し、持続可能な農村をつくっていくためには、広い地域を対象とするような仕組みづくりも重要である。そのためには、特定の場所を対象とした事業だけでなく、仕組みづくりを支援する制度も重要だ。

写真10－2 ｜組み立てた灌漑用の水車

持続可能な農業技術を守り伝える

持続可能な農業を実施するにあたって、伝統的な道具や技術を再評価するという方法も有効であると思われる。近代化の過程で多くの道具は動力を使うものに置き換えられたが、伝統的な道具は動力を使わない。それらの道具や技術は、決して現在の技術より劣っているわけではなく、無批判に石油エネルギーに頼るようになった時代に見捨てられてしまっただけのこともある。それは、空石積みが近代的な土木のシステムに合わないという理由で廃れていったこと（8章参照）と似ている。

数年前、徳島県の佐那河内村で「水車が集会所の屋根裏にある」との話を聞きつけ、学生と一緒に組み立て、使ってみたことがある。よく見る水車は水をかき上げる羽根が中心から伸びているが、この水車は、中心からずれたところから出ていて、複雑な形をしている［写真10－2］。調べてみると、踏車と呼ばれるタイプの水車で、江戸時代以降に広く普及していたもののようだ。羽根に角度がついていることで、より効率的に水を汲み上げることができる、工夫に工夫が重ねられた結果の形であることがよくわかる。

また、組み立ててみてわかったが、これは移動式のようだった。水を入れたい田んぼの脇にある水路に持って行き、足で羽根を踏みながら回すことで水を汲み上げるのだ。おそらく集落の共有財産で、順番に使っていたため、集会所にしまってあったのだろう。しかし、ポンプが登場して使わなくなったからか、組み立ててみるまでは、集落の人もだれも使い方を知らなかった。

農村部には、そうした知恵が詰まっている道具がたくさん眠っている。足踏み式の脱穀機もそうだ。ビニールのシートや紐を使うようになったので出番がなくなったむしろ編み機や縄ない機なども、今は見なくなったが、再注目に値する道具だと思う。

こうした技術を発掘し、後世に伝えることで、改良が加えられ、持続可能でよりよい技術、道具が開発されることも期待できる。そうした技術の発掘、継承の場として、イベントを開くのも一案である。水の汲み上げ、縄ないなどが種目の農村運動会である。競争にすれば道具の改良のきっかけにもなるし、広く知れ渡ることで、農業とエネルギーの関係について消費者に考えてもらうきっかけにもなるのではないだろうか。

現在、石積み学校では、棚田のある地域の高校生に声をかけ、「石積み甲子園」を計画している。石積みも途絶えかけている技術の一つだ。大会を開催することで、若い人に技術が継承され、彼らが練習をする過程で、各地の石積みが修復されることにも期待をしている。

さらには、大会というかたちにすることで注目を集めることができれば、より多くの人に石積みを知ってもらうことができる。そのさいに、ただのイベントで終わらせるのではなく、石積みが持続可能な工法であることも同時に発信すれば、石積みがもつ持続可能な社会に向けての価値も広く知られるようになるのではないかと考えている。

また、競争というかたちをとることによって、どんな技術が良いか批評する人が増えることにも期待している(プロ野球を監督気分でみる人たちのように)。石積みに限らず、技術や道具を改良していくには、使う人や批評する人が必要である。そのために、娯楽として注目してもらうのも一つの方法である。

農村の持続可能性に資する農産物を消費する

ここまで、消費者の価値観に訴えかける提案をしてきた。しかし、消費者の価値観が変わればすぐに行動が変わるというわけではないし、逆に、価値観が変わらなくとも行動が変わることもある。行動が変わることによって徐々に価値観が変わることが期待できる。

ここからは、先に行動を変えること、つまり農村の持続可能性に資する農産物を、とりあえず経済のなかで回していく方法について考えてみたい。最も手っ取り早い方法は、公共的な調達でそうしたものを採用することである。

現在でも、国際的な場ではそうした取り組みが行なわれている。たとえば、2012年のロンドンオリンピック以降、「持続可能性」が重視され、大会で提供される食にも配慮がなされるようになっている。東京オリンピックでもグローバルGAP(Good Agricurtural Practice)認証を得た農産物を使用することとなっていた。一般の消費者の消費行動を政策で変えるのは難しいが、第一歩として社会的責任のあるところの消費行動を変えるのも一つの手である。

現在、話題になっている有機農産物を給食に使うのもそうしたものの一つである。食べる人の健康に対する議論も大事だが、環境や農村への関心を高めるための食育としても使えるのではないだろうか。現在給食の現場では、地産地消や有機が注目されているが、伝統的な製法であるとか、露地栽培であるとか、棚田や段畑でつくられたお米や野菜であるとか、もっと農村の環境や社会、地球環境に貢献する多様な価値が公共調達をするさいの価値に入ってきてよいと思う。

そのほか、社会的責任の大きい大企業が社食などでそのような農産物を取り扱うという規定を設けることも考えられるだろう。こうしたときに、認証制度が役に立つ。3章で紹介したアグリツーリズモでは、その要件に地理的表示や伝統的農産物リストに含まれている製品を優先して提供するという項目があった。認証制度は、個々の消費者へのアピールに使えるほか、このように公的な消費のルールや基準としても使えるのである（ブランド化を先走り、認証の中身がイメージ先行であいまいでないかぎり）。

公的な消費の一つに、ふるさと納税もあげることができる。ふるさと納税が公的な消費であるというイメージはあまりないかもしれない。ふるさと納税は、納税者が自分の納税額の一部を自治体に寄付する。それを受けた自治体が返礼品を送るというものである。返礼品を選べるようになっていて、しかも生産者から送られてくることが多いので、自治体の存在が意識されにくい。しかし実際には、自治体が、返礼品を地元の農家や会社から購入している。つまり公的な調達なのである。

総務省は返礼品について、寄付額の3割まで、地場産品などの基準を設けているが、「地域資源として相当程度認識されているもの」なども含み、地場産品が指す範囲が非常に広い。また、地域への具体的な貢献については触れられていない。返礼品を送る側の各地方自治体でも、今のところ、返礼品の選定に地域への貢献度、環境への配慮などの明確な指標を設けている自治体はないのではないだろうか。

2章では、EUの共通農業政策の話のなかで、農村振興事業の要件を紹介した。文化、環境、社会に資する六つの要件のうち、少なくとも四つを満たしていることが補助の対象となるという話である。

ふるさと納税の返礼品についても、総務省がこうした要件を提示し、各自治体は外部の人も入れた委員会を設けて、返礼品にふさわしいかどうかを判断する仕組みをつくるとよいのではないだろうか。最終的には委員会の判断に任せるしかないが、一つひとつをどのような理由で返礼品としたのか、地域への貢献を評価した情報を公開するようにすれば、適切なものが選ばれるようになっていくと思われる。

また、そうした基準を設けることは、生産者にとっては地域の環境や社会に貢献するものをつくることへのインセンティブになる。消費者にとっては、そうした基準が、どのようなものを選んだらよいかのメッセージになる。ふるさと納税はカタログショッピングであると揶揄されることがあるが、良いカタログ、良いカタログをつくることが、大きな意味をもつのではないだろうか。

風景をつくるごはんを食べよう

地域の環境に即した農業をするのは農業者である。しかしそれは単独では成立しない。「良好な風景」は、農村の環境、社会、経済の幸せな統合である。社会的にも経済的にも無理のないかたちで環境に即した農業が行なわれる必要があるのだ。

そのためには、農業という経済活動の一端を担っている消費者の、食や農への意識が変わらなくてはならない。本章では、その第一歩として、消費者に訴えかけるための小さな取り組みを提案した。

環境や社会のことを考えて日々のごはんを食べる。それを1週間のうちの一食からでもやってみる。こうした行動の積み重ねが、社会全体の価値観を変え、制度を変え、それらの複合である「社会のシステム」を変えることにつながる。

まずは、風景をつくるごはんを食べることから始めてみよう。

注

＊1　European Network for Rural Development, Public goods and public intervention in agriculture, 2009をもとに作成

＊2　たとえば、「みどり戦略」にもの申す、「季刊地域」、46号、２０２１など

＊3　２０２３年4月30日現在、マチカフェのページにはレインフォレスト・アライアンス認証の説明はなく、会社情報の「サスティナビリティ」項目に説明があるのみである。

＊4　こうした取り組みは宇根豊氏が提唱していて、ごはん1杯がオタマジャクシ35匹とつながっていることなどを発信している。　https://www.ruralnet.or.jp/syokunou/200505/05_kaeru.html（２０２３年7月8日閲覧）

＊5　eco bnb　https://ecobnb.com/（２０２３年7月23日閲覧）

あとがき

イタリア北部のオッソラ地方に、学生とともに合宿に行っている。最初は2017年、次が2019年、3回目は2022年である。合宿での主な活動場所は、ゲシュという、石造りの建物が数棟あるだけの小さな集落である。数棟あるといっても、そのほとんどは崩れており、修復を待っているところだ。その集落には車道がつながっておらず、自動車ではたどり着けない。隣の集落のはずれに車を停め、4、5分歩くと到着する。

ゲシュや近隣の集落の石造りの建物を修復し、それを売ったり貸したりしながら生計を立てているマウリツィオ・チェスプリーニは、大学生向けのワークショップも企画している。2016年にイタリアで開催された段畑の国際会議で知り合ったのをきっかけに、日本の学生向けにもプログラムをつくってくれるようになった。

10日間のプログラムで、半分は石を積むが、残りはハイキングやエクスカーションである。私が農業にも関心があると伝えているので、エクスカーションに農家やワイナリーの訪問も取り入れてくれている。自然栽培で農業を始めようとしている若者、伝統種のブドウを復活させて地域のワインとして売り出しはじめた代々続くワイナリー、自立した農家を育成するための

ゲシュの集落の全貌と、お昼ご飯の様子。食事をサーブしてくれているのがマウリツィオ

農業学校など、いろいろなところを訪問し、話を聞くことができる。

世の中の価値観が変わりつつあり、それをもとに行動を起こしている人びとがいる。それを目の当たりにできる機会だ。

イタリアの合宿で得られるのは、そうした知識だけではない。車も来ない集落で石積みの作業をし、野菜中心のごはんを食べ、たっぷりと昼休憩をとって、また作業に戻る、という経験は、豊かさにいろいろなかたちがあることを教えてくれる。


2007年に徳島で農村風景を見て「農村の風景は都市とは全く異なる文脈で向き合わなければならない」と考えてから、すでに15年以上が経った。

どうしたらよいかわからないからと、まずは農村でとれたものを食べながら考える、およそ学術的ではない方法は、しかし、私にさまざまな学びを与えてくれた。徳島に住んでいたという環境もあって、食べるものをとおして、農業や農村の実態を知る機会が身近にあったことも大きい。

研究を進めていくうちに、自分も含め、農村の風景を扱う研究者、農村の地域活性化を扱う研究者は、農業のあり方については、あまり触れてこなかったことにも気づいた。都市の人に欠かせない食が、その栽培過程でどのように農村の環境や社会に影響を与えているのか、都会の研究者はあまり関心を寄せてこなかった。もちろん、農業に関する研究は多くあるが、農村の風景や活性化を扱う研究者は、そういうものの勉強もあまりしてこなかった。

「農業をするのは大変だ、だから外から口出ししないほうがいい。」

農家の人への、こんな「配慮」あるいは「遠慮」があって、農業は農家がやりたいようにやるのがよい、と頭のどこかで考えていたのではないだろうか。しかし、現実の問題として、「農家がやりたいように」やっているとされている仕組みのなかで、農家が苦しんでいる実態もあるのだ。

6章でも説明したように、「農業を動かすもの」は、早い時期から農家ではなくなっていたし、7章でみたように、消費者の行動が農業に与える影響は大きい。研究者が農業に口出ししないことは、実際には「農家がやりたいように」やれる状況をつくっているのではなく、都市が農村を抑圧している状況から目を背けているだけなのではないだろうか。

自然環境には自然の機序があるから、農村の環境を良好に保つための農業のかたちはおのずと決まってくる。現在はそこから大きく乖離しているが、農業が経済活動という社会とつながっている活動である以上、農業のかたちだけを変えることは難しい。

風景をつくるごはんの話を農村ですると、地域の環境に即した農業について「そんな手間がかかることはできないよ」と言われることもある。農業のことだけをみると、多くの農家は現在の農業を変えなくてはならないようにみえるのだろう。ただでさえ経営が難しい中山間地域の農業に、さらにいろいろなものを要求しているように受け取ってしまうのも理解できる。だからこそ、「あるべき農業のかたち」が無理なく実現できる社会からつくっていく必要がある。

これが、私が行き着いた答えである。今の延長上には農村も都市も環境も幸せになる未来はないのではないか。経済活動としての農業を持続させるために効率化を重視し、離農を防ぐために「農家のやりたいように」をベースとする方法は、もう限界を迎えている。

大きな転換には痛みが伴うが、社会のシステム全体を見直し、農家だけに痛みを押し付けるのではなく、みんなで変わっていく。そうすることで、将来的には農村も都市も環境も幸せになる状況をつくれるのではないだろうか。これは、夢物語のように見えるかもしれない。しかし、イタリアの農村で石を積み、新規就農者や代々続くワイナリーで話を聞いて、それは夢ではないと思えるようになった。

現在、農村を厳しい状況に追いやっている社会とは何なのか、それを調べるうちに、「あるべき農業のかたち」を阻んでいる背景に、「効率化」を志向する社会のシステムが見えてきた。

本書で述べたように、１９６０年代から70年代、効率化という一つの価値観が世の中を支配するようになったことが、中山間地域の農村の環境を悪化させた。そして、「効率化」という価値観が支配する社会は、効率化に向かない中山間地域を過疎に追いやることにもつながったのである。

その後、流通機構の変化、大都市化などによって消費が主導権をもち、都市と農村は「選ぶ―選ばれる」という関係に固定されていった。

しかし、私がこの研究を進めている間に、世の中は急速に変化してきた。最初は夢物語に思えた社会のシステムの変革も、日本でもその機運が見えてきたと思う。そのきっかけとして

2011年の東日本大震災が首都圏に与えた影響が大きかったのではないだろうか。「効率化」のために高度につくりあげてきた都市は機能的で、多くの人が住むことを可能にしている。しかし、電気が使えなければ、高層階の家に帰るのも難しい。効率的な社会をつくる仕組みのなかで、自分の生活が自分でコントロールできなくなっていると感じ、効率性と脆弱性が表裏一体であることを実感した人も多かったのではないだろうか。

風景をつくるごはんに直接関係することでいうと、復興支援では「食べて応援」することが盛り上がった。これを機に「自分のためではない消費」があるという認識も広まったと思う。

2014年には地方創生戦略が閣議決定され、それまで以上に地方に目が向くようになった。大企業が地方のことを考えはじめたのもこのころからである。それは一方では喜ばしい変化ではあった。しかし他方では、地方は取り上げてもらうために名前を売ることが求められ、がんばらなければ置いていかれるという状況が強化されたようにも思う。

大企業が地方に目を向けるようになって、都会の企業が地方の名産品を都会に持ってきて、知名度を上げる活動も見受けられる。地方創生に貢献する良い活動であると認識されているようだが、その「特産品」をつくる過程での農村や地球環境への影響、集約的な労働が農村社会に及ぼす影響についてはまだあまり注目されていない。地方に目が向きはじめた今だからこそ、安易に地方をたたえることの意味を考えたく、9章を書いた。

本書の冒頭でも述べたように、私のもともとの専門は「景観工学」である。だから、景観工学の農村版を考えたいなというくらいのつもりで、農村の風景について考え始めた。しかし、実際に農村風景を考えるにあたって必要なことを調べていたら、農業のこと、EUの農業政策のこと、経済政策のこと、過疎政策のこと、流通のこと、はたまた「ローカル」をどう捉えるのかという文化地理学的なこと、驚くほどに分野が広がっていった。

それぞれの内容については、当然だが各分野に専門家がいて、詳しく研究されている。この本では、それらを「農村風景」という一つの事象に結びつけて考えようとした。

私の恩師の中村良夫先生は、1982年に『風景学入門』という本を書かれている。工学的な話から、人びとが良いとしてきた景観としての各文化における理想郷の話など、多岐にわたる情報が盛り込まれ、風景をどう捉えたらよいのかが多方面から示されている。

本書も、農村風景の現状を理解し、これからの方策を考えるうえで必要な知識を集めたつもりだ。『風景学入門』の足元にも及ばないかもしれないが、農村の良好な風景（環境、社会、経済の幸せな統合）に携わる人向けの入門書として、風景の保全や地域の活性化プロジェクトに活用してもらえると嬉しい。

本書のもとになっているのは、徳島県内各地でのさまざまな経験だ。徳島ではいろいろな地域、団体の方々にお世話になった。研究者としてではなく、一緒に活動する仲間として受け入れていただいたことで、農村の実態を深く知ることができたように思う。すべては書ききれないが、あげてみたい。

那賀町では、地域再生塾の高田栄治さんや塾生のおじちゃんやおばちゃんたちにとてもお世話になった。地域再生塾は、私が徳島大学に着任する数か月前に徳島大学と那賀町が協働で設置した機関である。大学からちょうど片道50㎞、そこに毎月1回とイベント時、学生とともに通った。とくに木頭ゆずのプロジェクトは私を大きく成長させてくれた。ちなみに、木頭ゆずを知ってから米酢の出番が減り、木頭ゆずのゆず酢は今でも私の冷蔵庫に常備してある。

佐那河内村では、役場職員の安冨圭司さんに大変お世話になった。役場職員とは思えない活動の幅広さ、パワフルさで、有機栽培をするおばちゃんたちとも一緒に、食や風景にまつわるいろいろな活動ができた。

上勝町では、重要文化的景観になっている樫原の棚田を舞台に、保全、活用の試行錯誤に加わらせていただいた。

吉野川市の美郷は、私が石積みを習った場所である。石積みの師匠である故・高開文雄さんには、本当にお世話になった。高開さんに教えていただいた農村の技術としての石積み技術は、私の財産である。美郷での活動を支えてくれているのは、石積みのサポートをしてくれる明石光弘さん、高開家でいつも美味しいご飯をだしてくれ、野菜を分けてくれる高開峯子さん、上家博美さんを中心とする美郷ほたる館の皆さんだ。

三好市は、一般の人向けの石積み学校の初回の開催地である。市役所の方々には、まだかたちが見えないなか、場所の選定や石工さんの手配など、いろいろな協力をいただいた。

神山町では、各地の農村を映像化する産土（うぶすな）プロジェクトに誘っていただき、農村について深く議論できたことがよい勉強になった。また神山町がどんどん進化していく姿をそばで見られたこと、地方創生の「つなぐプロジェクト」が始まってからは、その裏にある試行錯誤にも加わらせていただいていることは、得がたい経験だ。

そのほか、徳島大学時代にこれらの活動をともに行なってくれた学生たち、私と興味を共有して研究をしてくれた学生たち、東工大に移ってからの自主ゼミで、ＥＵの農業政策をともに勉強してくれた学生たちにも感謝したい。とうてい一人ではできなかった。

本書は、２０１８年から２０２０年まで雑誌「土木技術」で連載していた記事がもとになっている。そこから大幅に加筆、修正を加えたが、この連載が私の考えをまとめるきっかけになった。土木の雑誌にもかかわらず、ごはんのことを書くよう勧めてくれた元理工図書の今枝宏光さんにも感謝したい。

そして、この本を担当してくれた農文協プロダクションの田口均さんには、とてもお世話になった。一章書きあげるたびに感想を返してくれたので、次の章を書く励みになった。また、重要なポイントでするどいコメントをくれ、私が言葉にできていない私の考えを整理してもらった。この本の鍵となる「社会のシステム」という言葉は、田口さんのコメントにあった言葉である。

最後に。21歳の私へ。景観工学の勉強のために留学をするのに、「イタリア料理が好きだから」とイタリアを選んだこと、我ながらふざけた理由だなと思っていたけど、時間が経ってみたら大正解だったよ。すべては食とつながっている。あのときの選択に助けられています。

２０２３年７月

真田純子◎さなだじゅんこ

東京工業大学環境・社会理工学院教授。1974年広島県生まれ。
東京工業大学在学中の1996年に
ヴルカヌスプログラム（日欧産業協力センター）にてイタリア留学（1年）。
2005年東京工業大学博士課程修了、博士（工学）取得。
徳島大学助教、東京工業大学准教授を経て、2023年3月より現職。
石積み技術をもつ人・習いたい人・直してほしい田畑をもつ人のマッチングを目指して
2013年に「石積み学校」を立ち上げ、2020年に一般社団法人化。
同法人代表理事。専門は景観工学、緑地計画史。
著書に『都市の緑はどうあるべきか』（技報堂出版、2007年）、
『図解 誰でもできる石積み入門』（農文協、2018年）がある。

風景をつくるごはん
都市と農村の真に幸せな関係とは

二〇二三年十月　五　日　第一刷発行
二〇二四年四月二十五日　第二刷発行

著者　真田純子

発行　一般社団法人 農山漁村文化協会
〒三三五－〇〇二二　埼玉県戸田市上戸田二丁目二－二
電話　〇四八－二三三－九三五一（営業）
〇四八－二三三－九三七六（編集）
振替　〇〇一二〇－三－一四四四七八
ファックス 〇四八－二九九－二八一二
https://www.ruralnet.or.jp/

印刷・製本　TOPPAN（株）

ISBN978-4-540-23124-7　〈検印廃止〉

編集・制作――株式会社農文協プロダクション
ブックデザイン――堀渕伸治◎tee graphics